建筑安装工程工艺·识图·预算

主 编 黄 琛

副主编 曹阳艳 胡子娟 陈 丹

北京理工大学出版社
BEIJING INSTITUTE OF TECHNOLOGY PRESS

内 容 提 要

本书根据《通用安装工程工程量计算规范》（GB 50856—2013）、《建设工程工程量清单计价规范》（GB 50500—2013）等规范编写。全书共设置六个工作情境，主要内容包括认识通用建筑安装工程造价、电气照明工程施工工艺、识图与预算，建筑防雷接地工程施工工艺、识图与预算，火灾报警与消防联动工程施工工艺、识图与预算，室内给水排水管道工程施工工艺、识图与预算，通风空调管道工程施工工艺、识图与预算等。

本书可作为高等院校土木工程类相关专业的教材，也可供建筑工程相关技术和管理人员参考使用。

图书在版编目（CIP）数据

建筑安装工程工艺·识图·预算/黄琛主编.—北京：北京理工大学出版社，2018.6
ISBN 978-7-5682-5724-4

Ⅰ.①建…　Ⅱ.①黄…　Ⅲ.①建筑安装－建筑制图－识图－高等学校－教材　②建筑安装－工程造价－高等学校－教材　Ⅳ.①TU204.21　②TU723.3

中国版本图书馆CIP数据核字(2018)第120331号

出版发行 / 北京理工大学出版社有限责任公司
社　　　址 / 北京市海淀区中关村南大街5号
邮　　　编 / 100081
电　　　话 / (010)68914775(总编室)
　　　　　　(010)82562903(教材售后服务热线)
　　　　　　(010)68948351(其他图书服务热线)
网　　　址 / http://www.bitpress.com.cn
经　　　销 / 全国各地新华书店
印　　　刷 / 北京紫瑞利印刷有限公司
开　　　本 / 787毫米×1092毫米　1/16
印　　　张 / 13.5
字　　　数 / 319千字
版　　　次 / 2018年6月第1版　2018年6月第1次印刷
定　　　价 / 62.00元

责任编辑 / 张旭莉
文案编辑 / 张旭莉
责任校对 / 周瑞红
责任印制 / 边心超

前　言

　　随着我国社会主义市场经济体制的不断发展和完善，以及人们物质文化生活水平的不断提高，人们对建筑物的功能要求越来越高，安装工程费用在工程造价中所占的比例也越来越大；另一方面，市场上绝大多数安装工程造价类教材，多以单一阐述安装工程定额或安装工程工程量清单的居多，而将安装工程施工工艺、识图、造价及造价案例结合阐述的教材比较少。为此，我们根据《通用安装工程工程量计算规范》（GB 50856—2013）、《建设工程工程量清单计价规范》（GB 50500—2013）等规范编写了本教材。

　　本书编写体例一改传统章节形式，按照"布置工作任务—相关知识学习—任务实施—检查与评估"四个环节进行编写，以任务驱动带动新知识的学习，目标明确，目的性强；对常见的建筑安装工程施工工艺、识图和清单计价方法做了较为详细的叙述。

　　本书由黄琛担任主编，曹阳艳、胡子娟、陈丹担任副主编。具体编写分工为：黄琛编写工作情境二～工作情境四及全书的习题部分；曹阳艳编写工作情境五、工作情境六；胡子娟编写工作情境一；陈丹对全书进行了校对。此外，郭喜庚也参与了本书工作情境一的部分编写工作；黄润斌为本书提供了部分案例图纸并对本书进行了认真审阅。

　　由于编者的经验和水平有限，书中难免有不妥和错误之处，欢迎读者批评指正。

编　者

目 录

工作情境一

认识通用建筑安装工程造价

➡ **能力导航**

学习目标	资料准备	前期知识储备
通过本工作情境的学习，应了解安装工程造价的概念；熟悉我国基本建设的内容以及费用构成；掌握安装工程定额消耗量指标、单位、定额基价、未计价主材等内容的确定；掌握定额和清单计价方法和内容。	1.《广东省安装工程综合定额》（2010版）； 2.《建设工程工程量计价规范》（GB 50500—2013）； 3.《通用安装工程工程量计算规范》（GB 50856—2013）。	学习本部分内容前，建议提前学习"建筑工程造价概论""建筑工程项目管理"等相关课程作为铺垫。

1.1 学习安装工程造价应了解的基本知识

1.1.1 安装工程

安装工程是指按安装工程建设施工图纸和施工规范的规定，将各种设备放置并固定在一定地方，或将工程原材料加工并安置，装配而形成具有功能价值产品的工作过程。

安装工程所包括的内容广泛，涉及多个不同种类的工程专业。在建设行业常见的安装工程有：机械设备安装工程、电气设备安装工程；给水排水、采暖、燃气安装工程；消防及安全防范设备安装工程；通风空调安装工程；工业管道安装工程；热力设备、炉窑砌筑安装工程；刷油、防腐蚀及绝热安装工程等。这些安装工程按建设项目的划分原则，均属单位工程，它们具有单独的施工设计文件，并有独立的施工条件，每一个分项是工程造价计算的完整对象。

1.1.2 安装工程造价

安装工程造价就是在上述这一系列过程中所发生的费用的计取。一般分为两个步骤：一是工程计量，即计算消耗在工程中的人工、材料、机械台班数量；二是工程计价，即用货币形式反映工程成本。

1

1.1.3 基本建设各阶段的造价活动

造价活动是一个动态的过程，按照工程建设程序的不同阶段，它有不同的内容和作用，如图1.1所示。

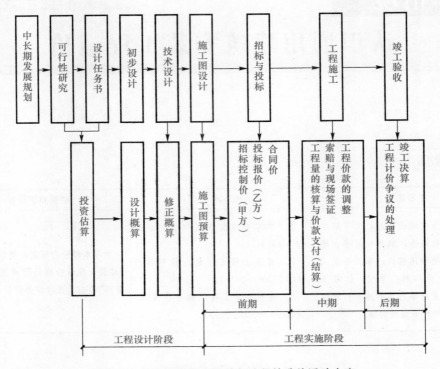

图1.1 基本建设程序及其各阶段的造价活动内容

1. 投资估算

投资估算是指在整个投资决策过程中，依据现有的资料和一定的方法，对建设项目的投资额（包括工程造价和流动资金）进行的估计。投资估算总额是指从筹建、施工直至建成投产的全部建设费用。

项目建议书阶段的投资估算是多方案比选，优化设计，合理确定项目投资的基础。其是项目主管部门审批项目的依据之一，并对项目的规划、规模起参考作用，从经济上判断项目是否应列入投资计划。

项目可行性研究阶段的投资估算是方案选择和投资决策的重要依据，是确定项目投资水平的依据，是正确评价建设项目投资合理性的基础。

2. 设计概算

设计概算是指在初步设计或扩大初步设计阶段，由设计单位根据初步设计图纸，概算定额或概算指标，设备预算价格，各项费用的定额或取费标准，建设地区的自然、技术经济条件等资料，预先计算建设项目由筹建至竣工验收、交付使用全部建设费用的经济文件。

设计概算的主要作用是控制工程投资和主要物资指标。在方案设计过程中，设计部门通过概算分析比较不同方案的经济效果，选择确定最佳方案。

3. 修正概算

修正概算是指当采用三阶段设计时，在技术阶段，随着设计内容的具体化，建设规模、结构性质、设备类型和数量等方面内容与初步设计可能有出入，为此，设计单位应对投资进行具体核算，对初步设计的概算进行修正而形成的经济文件。

修正概算的作用与设计概算基本相同。一般情况下，修正概算不应超过原批准的设计概算。

4. 施工图预算

施工图预算是指在施工图设计阶段，设计全部完成并经过会审，单位工程开工之前，施工单位根据施工图纸、施工组织设计、预算定额、各项费用取费标准、建设地区自然及技术经济条件等资料，预先计算和确定单项工程和单位工程全部建设费用的经济文件。

施工图预算的主要作用是确定建筑安装工程预算造价和主要物资需用量。在工程设计过程中，设计部门据此控制施工图造价不使其突破概算。施工图预算一经审定便是签订工程建设合同、业主和承包商经济核算、编制施工计划和银行拨款等的依据。

5. 招标控制价

招标控制价是在工程采用招标发包的过程中，招标人根据国家或省级、行业建设主管部门颁发的有关计价依据和办法，按设计施工图纸计算的，对招标工程限定的最高工程造价。

6. 投标报价

投标报价是指在工程采用招标发包的过程中，由招标人按照招标文件的要求，根据工程特点，并结合自身的施工技术、装备和管理水平，依据有关计价规定，自主确定的工程造价，是投标人希望达成工程承包交易的期望价格，原则上它不能高于招标人设定的招标控制价。

7. 合同价

合同价是指在工程发承包交易完成后，由发承包双方以合同形式确定的工程承包交易价格。采用招标发包的工程，其合同价应为投标人的中标价，也即投标人的投标报价。

8. 工程量的核算与价款支付(结算)

工程量的核算与价款支付(结算)是指一个单项工程、单位工程、分部工程或分项工程完工，并经过建设单位等相关部门验收，施工企业根据合同，按合同双方认可的工程量、现场签证等资料，向建设单位办理结算工程价款，取得收入，用以补偿施工过程中的资金耗费，确定施工盈亏的经济活动。

9. 索赔与现场签证

索赔是指在合同履行过程中，对于非己方的过错而应由对方承担责任的情况造成的损失，向对方提出补偿的要求。索赔是合同双方行使正当权利的行为，索赔方可以是承包方也可以是施工方。《建设工程工程量清单计价规范》(GB 50500—2013)(以下简称"13计价规范")中规定，索赔要具备三要素：一是正当索赔理由；二是有效的索赔证据；三是在规定时间内提出。

现场签证是指发包人现场代表与承包人现场代表就施工过程中涉及的责任事件所做的签认证明。"13计价规范"中规定，确认的索赔与现场签证费用及工程进度款应同期支付。

10. 工程计价争议的处理

"13计价规范"中规定，在工程计价中，对工程造价计价依据、办法以及相关政策规定发生争议事项的，由工程造价管理机关负责解释。

11. 竣工决算

竣工决算是指在工程竣工验收交付使用阶段，由建设单位编制的建设项目从筹建到竣工验收、交付使用全过程中实际支付的全部建设费用。竣工决算是整个建设工程的最终价格，是作为建设单位财务部门汇总固定资产的主要依据。

1.1.4 基本建设的内容和建设项目的划分

基本建设是国民经济各部门固定资产的再生产，即人们使用各种机具对各种建筑材料、机械设备等进行建造和安装，使之成为固定资产的过程。其包括生产性和非生产性固定资产的更新、改建、扩建和新建，与此相关的工作，如征用土地、勘察、设计筹建机构、培训生产职工等也包括在内。

基本建设的内容一般包括：建筑工程；设备安装工程；设备、工具、器具及生产家具的购置；勘察设计；其他基本建设工作五个部分。

根据我国现行规定，基本建设工程分为建设项目、单项工程、单位工程、分部工程、分项工程，如图1.2所示。

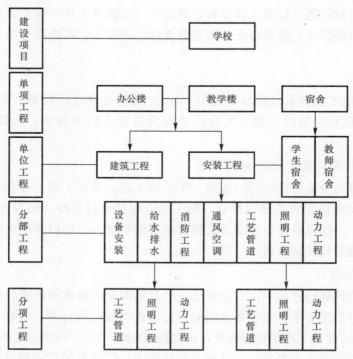

图1.2 建设工程项目分解

4

1.1.5 建筑安装工程费用构成

根据建标〔2013〕44 号"关于印发《建筑安装工程费用项目组成》的通知"文件中的规定，我国现行建筑安装工程费用项目按两种不同的方式划分，即按工程造价形成划分和按费用构成要素划分。

1. 按工程造价形成划分

建筑安装工程费用按工程造价形成划分由分部分项工程费、措施项目费、其他项目费、规费、税金组成。其中，分部分项工程费、措施项目费、其他项目费包含人工费、材料费、施工机具使用费、企业管理费和利润，如图 1.3 所示。

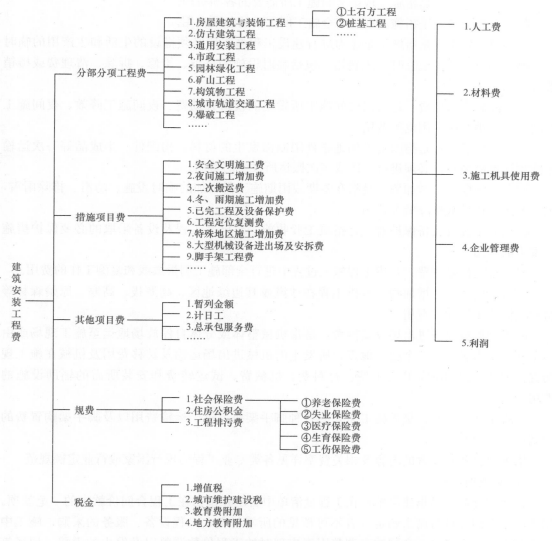

图 1.3 建筑安装工程费用项目组成图(按工程造价形成划分)

(1)分部分项工程费：是指各专业工程的分部分项工程应予列支的各项费用。

1)专业工程：是指按现行国家计量规范划分的房屋建筑与装饰工程、仿古建筑工程、通用安装工程、市政工程、园林绿化工程、矿山工程、构筑物工程、城市轨道交通工程、爆破工程等各类工程。

2）分部分项工程：是指按现行国家计量规范对各专业工程划分的项目。如房屋建筑与装饰工程划分的土石方工程、地基处理与桩基工程、砌筑工程、钢筋及钢筋混凝土工程等。

各类专业工程的分部分项工程划分见现行国家或行业计量规范。

（2）措施项目费：是指为完成建设工程施工，发生于该工程施工前和施工过程中的技术、生活、安全、环境保护等方面的费用。包括如下内容：

1）安全文明施工费。

①环境保护费：是指施工现场为达到环保部门要求所需要的各项费用。

②文明施工费：是指施工现场文明施工所需要的各项费用。

③安全施工费：是指施工现场安全施工所需要的各项费用。

④临时设施费：是指施工企业为进行建设工程施工所必须搭设的生活和生产用的临时建筑物、构筑物和其他临时设施费用。包括临时设施的搭设、维修、拆除、清理费或摊销费等。

2）夜间施工增加费：是指因夜间施工所发生的夜班补助费、夜间施工降效、夜间施工照明设备摊销及照明用电等费用。

3）二次搬运费：是指因施工场地条件限制而发生的材料、构配件、半成品等一次运输不能到达堆放地点，必须进行二次或多次搬运所发生的费用。

4）冬、雨期施工增加费：是指在冬期或雨期施工需增加的临时设施、防滑、排除雨雪，人工及施工机械效率降低等费用。

5）已完工程及设备保护费：是指竣工验收前，对已完工程及设备采取的必要保护措施所发生的费用。

6）工程定位复测费：是指工程施工过程中进行全部施工测量放线和复测工作的费用。

7）特殊地区施工增加费：是指工程在沙漠或其边缘地区、高海拔、高寒、原始森林等特殊地区施工增加的费用。

8）大型机械设备进出场及安拆费：是指机械整体或分体自停放场地运至施工现场或由一个施工地点运至另一个施工地点，所发生的机械进出场运输及转移费用及机械在施工现场进行安装、拆卸所需的人工费、材料费、机械费、试运转费和安装所需的辅助设施的费用。

9）脚手架工程费：是指施工需要的各种脚手架搭、拆、运输费用以及脚手架购置费的摊销（或租赁）费用。

措施项目及其包含的内容及相关费率详见各类专业工程的现行国家或行业定额规范。

（3）其他项目费。

1）暂列金额：是指建设单位在工程量清单中暂定并包括在工程合同价款中的一笔款项。用于施工合同签订时尚未确定或者不可预见的所需材料、工程设备、服务的采购，施工中可能发生的工程变更、合同约定调整因素出现时的工程价款调整以及发生的索赔、现场签证确认等的费用。

2）计日工：是指在施工过程中，施工企业完成建设单位提出的施工图纸以外的零星项目或工作所需的费用。

3)总承包服务费：是指总承包人为配合、协调建设单位进行的专业工程发包，对建设单位自行采购的材料、工程设备等进行保管以及施工现场管理、竣工资料汇总整理等服务所需的费用。

2. 按费用构成要素划分

建筑安装工程费按费用构成要素划分为人工费、材料（包含工程设备，下同）费、施工机具使用费、企业管理费、利润、规费和税金。其中，人工费、材料费、施工机具使用费、企业管理费和利润包含在分部分项工程费、措施项目费、其他项目费中，如图 1.4 所示。

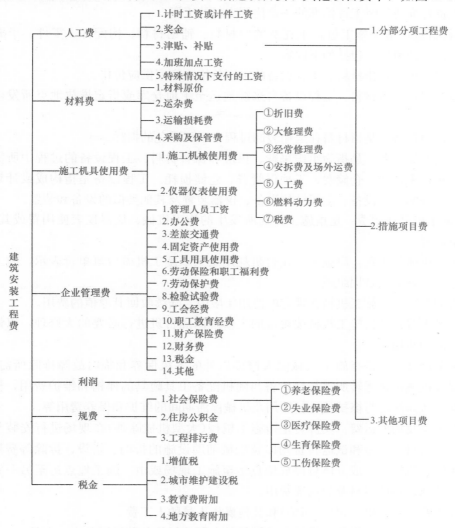

图 1.4　建筑安装工程费用项目组成图（按费用构成要素划分）

（1）人工费：是指按工资总额构成规定，支付给从事建筑安装工程施工的生产工人和附属生产单位工人的各项费用。包括如下内容：

1）计时工资或计件工资：是指按计时工资标准和工作时间或对已做工作按计件单价支付给个人的劳动报酬。

2）奖金：是指对超额劳动和增收节支支付给个人的劳动报酬。如节约奖、劳动竞赛奖等。

3)津贴补贴：是指为了补偿职工特殊或额外的劳动消耗和因其他特殊原因支付给个人的津贴，以及为了保证职工工资水平不受物价影响支付给个人的物价补贴。如流动施工津贴、特殊地区施工津贴、高温(寒)作业临时津贴、高空津贴等。

4)加班加点工资：是指按规定支付的在法定节假日工作的加班工资和在法定日工作时间外延时工作的加点工资。

5)特殊情况下支付的工资：是指根据国家法律、法规和政策规定，因病、工伤、产假、计划生育假、婚丧假、事假、探亲假、定期休假、停工学习、执行国家或社会义务等原因按计时工资标准或计时工资标准的一定比例支付的工资。

(2)材料费：是指施工过程中耗费的原材料、辅助材料、构配件、零件、半成品或成品、工程设备的费用。包括如下内容：

1)材料原价：是指材料、工程设备的出厂价格或商家供应价格。

2)运杂费：是指材料、工程设备自来源地运至工地仓库或指定堆放地点所发生的全部费用。

3)运输损耗费：是指材料在运输装卸过程中不可避免的损耗。

4)采购及保管费：是指为组织采购、供应和保管材料、工程设备的过程中所需要的各项费用。包括采购费、仓储费、工地保管费、仓储损耗。工程设备是指构成或计划构成永久工程一部分的机电设备、金属结构设备、仪器装置及其他类似的设备和装置。

(3)施工机具使用费：是指施工作业所发生的施工机械、仪器仪表使用费或其租赁费。包括如下内容：

1)施工机械使用费：以施工机械台班耗用量乘以施工机械台班单价表示，施工机械台班单价应由下列七项费用组成：

①折旧费：是指施工机械在规定的使用年限内，陆续收回其原值的费用。

②大修理费：是指施工机械按规定的大修理间隔台班进行必要的大修理，以恢复其正常功能所需的费用。

③经常修理费：是指施工机械除大修理以外的各级保养和临时故障排除所需的费用。包括为保障机械正常运转所需替换设备与随机配备工具附具的摊销和维护费用，机械运转中日常保养所需润滑与擦拭的材料费用及机械停滞期间的维护和保养费用等。

④安拆费及场外运费：安拆费是指施工机械(大型机械除外)在现场进行安装与拆卸所需的人工、材料、机械和试运转费用以及机械辅助设施的折旧、搭设、拆除等费用；场外运费是指施工机械整体或分体自停放地点运至施工现场或由一施工地点运至另一施工地点的运输、装卸、辅助材料及架线等费用。

⑤人工费：是指机上司机(司炉)和其他操作人员的人工费。

⑥燃料动力费：是指施工机械在运转作业中所消耗的各种燃料及水、电等。

⑦税费：是指施工机械按照国家规定应缴纳的车船使用税、保险费及年检费等。

2)仪器仪表使用费：是指工程施工所需使用的仪器仪表的摊销及维修费用。

(4)企业管理费：是指建筑安装企业组织施工生产和经营管理所需的费用。包括如下内容：

1)管理人员工资：是指按规定支付给管理人员的计时工资、奖金、津贴补贴、加班加点工资及特殊情况下支付的工资等。

2)办公费：是指企业管理办公用的文具、纸张、账表、印刷、邮电、书报、办公软件、现场监控、会议、水电、烧水和集体取暖降温（包括现场临时宿舍取暖降温）等费用。

3)差旅交通费：是指职工因公出差、调动工作的差旅费、住勤补助费，市内交通费和误餐补助费，职工探亲路费，劳动力招募费，职工退休、退职一次性路费，工伤人员就医路费，工地转移费以及管理部门使用的交通工具的油料、燃料等费用。

4)固定资产使用费：是指管理和试验部门及附属生产单位使用的属于固定资产的房屋、设备、仪器等的折旧、大修、维修或租赁费。

5)工具用具使用费：是指企业施工生产和管理使用的不属于固定资产的工具、器具、家具、交通工具和检验、试验、测绘、消防用具等的购置、维修和摊销费。

6)劳动保险和职工福利费：是指由企业支付的职工退职金、按规定支付给离休干部的经费，集体福利费、夏季防暑降温、冬季取暖补贴、上下班交通补贴等。

7)劳动保护费：是企业按规定发放的劳动保护用品的支出。如工作服、手套、防暑降温饮料以及在有碍身体健康的环境中施工的保健费用等。

8)检验试验费：是指施工企业按照有关标准规定，对建筑以及材料、构件和建筑安装物进行一般鉴定、检查所发生的费用，包括自设试验室进行试验所耗用的材料等费用。不包括新结构、新材料的试验费，对构件做破坏性试验及其他特殊要求检验试验的费用和建设单位委托检测机构进行检测的费用，对此类检测发生的费用，由建设单位在工程建设其他费用中列支。但对施工企业提供的具有合格证明的材料进行检测不合格的，该检测费用由施工企业支付。

9)工会经费：是指企业按《中华人民共和国工会法》规定的全部职工工资总额比例计提的工会经费。

10)职工教育经费：是指按职工工资总额的规定比例计提，企业为职工进行专业技术和职业技能培训，专业技术人员继续教育、职工职业技能鉴定、职业资格认定以及根据需要对职工进行各类文化教育所发生的费用。

11)财产保险费：是指施工管理用财产、车辆等的保险费用。

12)财务费：是指企业为施工生产筹集资金或提供预付款担保、履约担保、职工工资支付担保等所发生的各种费用。

13)税金：是指企业按规定缴纳的房产税、车船使用税、土地使用税、印花税等。

14)其他：包括技术转让费、技术开发费、投标费、业务招待费、绿化费、广告费、公证费、法律顾问费、审计费、咨询费、保险费等。

（5）利润：是指施工企业完成所承包工程获得的盈利。

（6）规费：是指按国家法律、法规规定，由省级政府和省级有关权力部门规定必须缴纳或计取的费用。包括如下内容：

1)社会保险费。

①养老保险费：是指企业按照规定标准为职工缴纳的基本养老保险费。

②失业保险费：是指企业按照规定标准为职工缴纳的失业保险费。

③医疗保险费：是指企业按照规定标准为职工缴纳的基本医疗保险费。

④生育保险费：是指企业按照规定标准为职工缴纳的生育保险费。

⑤工伤保险费：是指企业按照规定标准为职工缴纳的工伤保险费。

2)住房公积金：是指企业按规定标准为职工缴纳的住房公积金。

3)工程排污费：是指按规定缴纳的施工现场工程排污费。

其他应列而未列入的规费，按实际发生计取。

(7)税金：是指国家税法规定的应计入建筑安装工程造价内的增值税、城市维护建设税、教育费附加以及地方教育附加。

3. 相关措施费、规费及税金费率

措施费中人工费含夜间施工增加费为 50％，冬、雨期施工增加费及二次搬运费为 40％；总承包服务费中不考虑；其余按 25％计算。安装工程费用费率见表 1.1。

表 1.1　安装工程费用费率(参考)　　　　　　　　　　　　　　　　%

项目分类		设备安装			炉窑砌筑		
		Ⅰ	Ⅱ	Ⅲ	Ⅰ	Ⅱ	Ⅲ
措施费	环境保护费	3.2	2.7	2.2	6.2	5.2	4.2
	文明施工费	6.5	5.5	4.5	13	10.9	8.8
	临时设施费	18.5	15	12	46	37	29
	夜间施工增加费	3.6	3	2.5	9.4	7.8	6.5
	二次搬运费	3.2	2.6	2.1	8.3	6.8	5.5
	冬、雨期施工增加费	4	3.3	2.8	10.4	8.6	7.3
	已完工程及设备保护费	2	1.6	1.3	5.2	4.2	3.3
	总承包服务费	8	5	3	—	—	—
企业管理费		65	54	42	135	112	87
利润		40	30	20	90	70	45
规费	工程排污费	按各市相关规定计算					
	社会保险费	2.6					
	住房公积金	按各市相关规定计算					
	危险作业意外伤害保险	按各市相关规定计算					
	安全施工费	由各市工程造价管理机构测算发布					
税金	市区	3.48					
	县城、镇	3.41					
	市、县城、镇外	3.28					

注：Ⅰ、Ⅱ、Ⅲ类为安装工程分类级别，详见具体定额。

1.2　建筑安装工程计价基本方法与依据

建设项目是兼具单件性与多样性的集合体。任何一个项目都可以分解为一个或几个单项工程，任何一个单项工程都是由一个或几个单位工程所组成。工程造价计价的主要思路就是将建设项目细化至最基本的构造单元，找到了适合的计量单位及当时当地的单价，就可以采取一定的计价方法，进行分部组合汇总，计算出相应的工程造价，工程计价的基本原理就在于项目的分解与组合。

工程计价的基本原理可以用公式的形式表达如下：

$$分部分项工程费 = \sum [基本构造单元工程量(定额项目或清单项目) \times 相应单价]$$

$$(1.1)$$

工程计价标准和依据主要包括计价活动的相关规章规程、工程量清单计价和计量规范、工程定额和相关造价信息。

从目前我国现状来看，工程定额主要用于在项目建设前期各阶段对于建设投资的预测和估计，在工程建设交易阶段，工程定额通常只能作为建设产品价格形成的辅助依据。工程量清单计价依据主要适用于合同价格形成以及后续的合同价格管理阶段。计价活动的相关规章规程则根据其具体内容可能适用于不同阶段的计价活动。造价信息是计价活动所必需的依据。

1.2.1 定额计价体系

定额，即规定的额度，是人们根据不同的需要，对某一事物规定的数量标准。在社会生产中，为了生产某一合格产品，都要消耗一定数量的人工、材料、机具、机械台班和资金。这种消耗数量，受各种生产条件的影响，因此是各不相同的。在一个产品中，这种消耗越大，则产品的成本越高，在产品价格一定的条件下，企业的盈利就会降低，对社会的贡献也就较低。因此，降低产品生产过程中的消耗有着十分重要的意义。但是，这种消耗不可能无限地降低，它在一定的生产条件下，必有一个合理的数额。因此，根据一定时期的生产水平和产品的质量要求，规定出一个大多数人经过努力可以达到的合理消耗标准，这个标准就是定额。

建设安装工程定额，即额定的消耗量标准，是指在正常的施工条件下，完成单位合格建筑安装产品所必须消耗的人工、材料、机械台班的数量标准。

本书编制依据的《广东省安装工程综合定额（2010 版）》共有十二册，适用于广东省行政区内新建、改建和扩建的工业与民用安装工程。

1. 定额的作用

(1)定额是国家对工程造价进行宏观调控和管理的依据。

(2)定额是节约社会劳动、提高劳动生产率的重要手段。

(3)定额有利于建筑市场行为的规范。

(4)定额是企业内部经济核算的基础。

2. 定额分类

(1)按反映的物质消耗的内容分类。按反映的物质消耗的内容，可将定额分为劳动消耗定额、材料消耗定额和机械消耗定额三种。

1)劳动消耗定额。劳动消耗定额是指完成一定合格产品所消耗的人工数量标准(即工人的劳动时间)，也称为人工定额，可用时间定额和产量定额两种形式表示。

时间定额是指在正常作业条件(正常施工水平和合理劳动组织)下，工人为完成单位合格产品(单位工程量)所需要的劳动时间，以"工日"或"工时"加以计量。

$$时间定额 = \frac{班组成员劳动时间总和(工日)}{班组完成的产品总数}(工日数/单位产品) \qquad (1.2)$$

产量定额是指在正常作业条件下，工人在单位时间（工日）内完成单位合格产品（工程量）的数量，以产品（工程量）的计量单位表示。

$$产量定额 = \frac{班组完成的产品总数}{班组成员劳动时间总和} \tag{1.3}$$

2）材料消耗定额。材料消耗定额是指在合理的施工条件以及节约和合理使用材料的条件下，完成单位合格产品（单位工程量）所必须消耗的材料的数量标准，也称为材料定额。其包括主要材料（如各种钢材、管料、电线、电缆、半成品等）、辅助材料（如电焊条、氧气、电石等）和其他材料的消耗数量标准。

材料消耗定额的指标由直接消耗的净用量和不可避免的施工操作、场内运输、现场堆放损耗量两部分组成，而损耗量是用材料的规定损耗率（%）来计算的，即

$$材料消耗定额指标 = 净用量 + 损耗量 = 净用量 \times (1 + 损耗率) \tag{1.4}$$

3）机械消耗定额。机械消耗定额简称为机械定额。由于我国机械消耗定额是以一台机械一个工作班为计量单位，所以又称为机械台班定额。

机械消耗定额是指在正常施工条件以及合理的劳动组织与合理使用机械条件下，完成单位合格产品所必需的施工机械消耗的数量标准，其主要表现形式是机械时间定额及机械产量定额。

机械时间定额是指施工机械在正常运转和合理使用的条件下，完成单位合格产品（工程量）所消耗的机械作业时间，以"台班"（一台机械工作八小时为一台班）或"台时"表示。即

$$机械时间定额 = \frac{机械消耗的台班量总数}{机械完成的产品总数（工程量）} \tag{1.5}$$

机械产量定额是指施工机械在正常运转和合理使用的条件下，单位作业时间内应完成的合格产品（工程量）的标准数量，以工程量计量单位表示。即

$$机械产量定额 = \frac{机械完成的产品总数（工程量）}{机械消耗的台班量总数} \tag{1.6}$$

（2）按编制单位和执行范围分类。按编制单位和执行范围分类，定额可分为全国统一定额、行业统一定额、地区统一定额和企业定额。其中，企业定额是由施工企业考虑本企业具体情况，参照国家、主管部门或地区定额的水平制定的定额。它只能在本企业内部使用，是一个企业综合素质的标志。企业定额水平一般应高于国家现行定额，只有这样才能满足生产技术发展、企业经营管理和市场竞争的需要。

（3）按技术专业分类。定额按技术专业可分为建筑工程定额和安装工程定额两大类。

1）建筑工程定额。建筑工程定额包括建筑及装饰工程定额、房屋修缮工程定额、市政工程定额、铁路工程定额、公路工程定额、矿山井巷工程定额等。

2）安装工程定额。安装工程定额包括电气设备安装工程定额、机械设备安装工程定额、热力设备安装工程定额、通信设备安装工程定额、化学工业设备安装工程定额、工业管道安装工程定额、工艺金属结构安装工程定额等。

（4）按定额的编制程序和用途分类。按定额的编制程序和用途分类，定额可分为施工定额、预算定额、概算定额、概算指标、投资估算指标5种。上述各种定额的相互联系见表1.2。

表 1.2　各种定额间关系的比较

分类	施工定额	预算定额	概算定额	概算指标	投资估算指标
编制对象	施工过程 基本工序	分项工程 结构构件	扩大的分项工程 扩大的结构构件	单位工程	建设项目 单项工程 单位工程
用途	编制施工预算	编制施工图预算	编制扩大初步设计概算	编制初步设计概算	编制投资估算
项目划分	最细	细	较粗	粗	很粗
定额水平	社会平均先进	社会平均			
定额性质	生产性定额	计价性定额			

3. 定额计价基本程序

政府以假定的建筑安装产品为对象，制定统一的定额。然后按定额规定的分部分项子目，逐项计算工程量，套用定额单价(或单位估价表)确定直接工程费，然后按规定的取费标准确定措施费、间接费、利润和税金，经汇总后即为工程价值，如图 1.5 和表 1.3 所示。

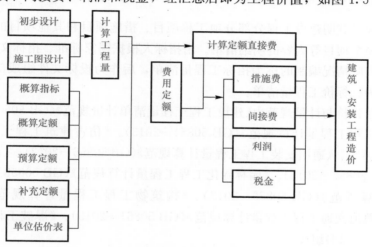

图 1.5　定额计价模式示意

表 1.3　定额计价的费用计算程序

序号	费用项目	计算公式
1	直接工程费	按价目汇总表计算
2	其中：人工费	按价目汇总表计算
3	施工技术措施费	按价目汇总表计算
4	其中：人工费	按价目汇总表计算
5	施工组织措施费	2×相应费率
6	其中：人工费	按规定的比例计算
7	直接费小计	1＋3＋5
8	规费	(2＋4＋6)×核准费率
9	间接费小计	8＋9

序号	费用项目	计算公式
10	利润	(2＋4＋6)×相应利润率
11	动态调整	发生时按规定计算
12	主材费	按实际计取
13	税金	(7＋10＋11＋12＋13)×相应税率
14	工程造价	7＋10＋11＋12＋13＋14

课堂思考

查阅定额说明及附录，了解各个费率的计取。

1.2.2　工程量清单计价体系

　　工程量清单是载明建设工程分部分项工程项目、措施项目和其他项目的名称和相应数量以及规费与税金项目等内容的明细清单。由招标人根据国家标准、招标文件、设计文件，以及施工现场实际情况编制的称为招标工程量清单，后作为投标文件组成部分由投标人报价并确认的称为已标价工程量清单。

　　工程量清单计价与计量规范由《建设工程工程量清单计价规范》(GB 50500—2013)、《房屋建筑与装饰工程工程量计算规范》(GB 50854—2013)、《仿古建筑工程工程量计算规范》(GB 50855—2013)、《通用安装工程工程量计算规范》(GB 50856—2013)、《市政工程工程量计算规范》(GB 50857—2013)、《园林绿化工程工程量计算规范》(GB 50858—2013)、《矿山工程工程量计算规范》(GB 50859—2013)、《构筑物工程工程量计算规范》(GB 50860—2013)、《城市轨道交通工程工程量计算规范》(GB 50861—2013)、《爆破工程工程量计算规范》(GB 50862—2013)组成。

　　工程量清单计价的过程可分为两个阶段，即工程量清单的编制和工程量清单应用，如图 1.6 和图 1.7 所示。现阶段大多数工程以工程量清单计价为主，本教材的教学安排也是围绕此开展的。

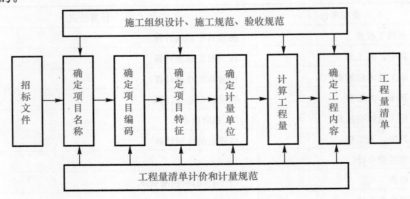

图 1.6　工程量清单编制程序

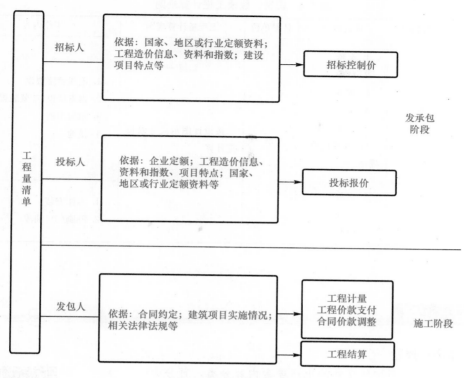

图 1.7　工程量清单应用程序

1. 工程量清单的作用

(1)提供一个平等的竞争条件。

(2)满足市场经济条件下竞争的需要。

(3)有利于提高工程计价效率，能真正实现快速报价。

(4)有利于工程款的拨付和工程造价的最终结算。

(5)有利于业主对投资的控制。

2. 工程量清单计价的适用范围

计价规范适用于建设工程发承包及其实施阶段的计价活动。使用国有资金投资的建设工程发承包，必须采用工程量清单计价；非国有资金投资的建设工程，宜采用工程量清单计价；不采用工程量清单计价的建设工程，应执行计价规范中除工程量清单等专门性规定外的其他规定。

国有资金投资的项目包括全部使用国有资金投资或国有资金投资为主的工程建设项目。其中，国有资金为主的工程是指国有资金占投资总额 50％以上，或虽不足 50％但国有投资者实质上拥有控股权的工程建设项目。

3. 分部分项工程项目清单举例

现摘录"13 计价规范"中部分分部分项工程项目清单计算规则，见表 1.4。

表 1.4　配管、线槽工程计算规则

项目编码	项目名称	项目特征	计量单位	工程量计算规则	工作内容
030411001	配管	1. 名称 2. 材质 3. 规格 4. 配置形式 5. 接地要求 6. 钢索材质、规格	m	按设计图示尺寸以长度计算	1. 电线管路敷设 2. 钢索架设（拉紧装置安装） 3. 预留沟槽 4. 接地
030411002	线槽	1. 名称 2. 材质 3. 规格			1. 本体安装 2. 补刷(喷)油漆

习　题

一、单项选择题

1. 工程建设定额按其反映的生产要素内容分类，可分为（　　）。

  A. 施工定额、预算定额、概算定额

  B. 建筑工程定额、设备安装工程定额、建筑安装工程费用定额

  C. 劳动消耗定额、机械消耗定额、材料消耗定额

  D. 概算指标、投资估算指标、概算定额

参考答案

2. 下列按平均先进水平原则编制的定额是（　　）。

  A. 预算定额　　　　B. 企业定额　　　　C. 概算定额　　　　D. 概算指标

3. 某工程采购一批国产特种设备，出厂价为 5 000 元/台，材料运输费为 50 元/台，运输耗损率为 2%，采购及保管费费率为 8%，则特种设备的基价为（　　）元/台。

  A. 5 563　　　　　B. 5 662　　　　　C. 5 500　　　　　D. 5 000

4. 已知某设备寿命期内大修理 5 次，自上一次大修后投入使用起至下一次大修为止可使用台班数为 4 000 台班，一次大修理费为 10 000 元，则台班大修理费为（　　）元/台班。

  A. 3.125　　　　　B. 2.500　　　　　C. 2.083　　　　　D. 1.667

5. 根据观察资料，测得安装某一电气设备工人工作时间如下表所示，则其工序作业时间与规范时间分别为（　　）。

基本工作时间	辅助工作时间	准备与结束工作时间	不可避免中断时间	休息时间
72 分钟	11 分钟	15 分钟	8 分钟	10 分钟

  A. 98，18　　　　　B. 83，33　　　　　C. 83，18　　　　　D. 106，10

6. 在《建设工程工程量清单计价规范》(GB 50500—2013)中，安装工程所对应的分类码是（　　）。

  A. 01　　　　　　　B. 02　　　　　　　C. 03　　　　　　　D. 04

7. 若清单计价规范中的项目名称有缺陷，则处理方法是(　　)。

    A. 招标人作补充，并与投标人协商后执行

    B. 投标人作补充，并与招标人协商后执行

    C. 投标人作补充，并报当地工程造价管理机构备案

    D. 招标人作补充，并报当地工程造价管理机构备案

二、多项选择题

1. 根据《通用安装工程工程量计算规范》(GB 50856—2013)，属于安装专业措施项目的有(　　)。

    A. 脚手架搭拆   B. 冬、雨期施工增加

    C. 特殊地区施工增加   D. 已完工程及设备保护

2. 编制分部分项工程量清单时，除统一项目名称外，还必须符合的统一要求有(　　)。

    A. 统一项目编码   B. 统一工程量计算规则

    C. 统一项目特征说明   D. 统一计量单位

3. 工程项目的合同实施阶段进行工程量计量时，其工程计量内容包括(　　)。

    A. 合同约定的已完工程量

    B. 非承包人原因造成的工程量增减

    C. 承包人原因造成的工程量增减

    D. 工程量清单漏项时，承包人实际完成的工程量

三、名词解释

1. 安装工程计量与计价

2. 施工图预算

3. 招标控制价

4. 未计价主材

5. 企业管理费

四、简答题

请翻阅相关定额关于电气配管、配线章节的内容，试述与清单中的配管配线工程量计算有何区别。

工作情境二
电气照明工程施工工艺、识图与预算

➡ **能力导航**

学习目标	资料准备	前期知识储备
通过本工作情境的学习，应该熟悉常见电气设备安装工程的施工工艺；掌握电气照明工程等的工程量计算规则及造价文件的编制方法。	本部分内容以《通用安装工程工程量计算规范》(GB 50856—2013)、《广东省安装工程综合定额(2010版)》第二册"电气设备安装工程"为造价计算依据，建议准备好这些工具书及最新的工程造价价目信息。	学习本部分内容前，建议提前学习"建筑设备与识图"等相关课程作为铺垫，为节省篇幅，本书仅介绍常用照明工程的设备安装施工工序，涉及的其他基础知识请参阅建筑设备安装类课程。

2.1　布置工作任务

2.1.1　任务一

某办公科研楼是一栋两层的平顶楼房，图2.1、图2.2和图2.3所示分别为该楼的配电系统图、平面布置图。

施工说明：

(1)电源为三相四线380/220 V，接户线为BLV—500 V—4×16 mm²。

(2)化学实验室、危险品仓库按爆炸性气体环境分区为2号，并按防爆要求进行施工。

(3)配线：三相插座电源导线采用BV—500—4×4 mm²，穿直径为20 mm的焊接钢管埋地敷设；③轴西侧照明为焊接钢管暗敷；其余房间均为PVC硬质塑料管暗敷。导线采用BV—500—2.5。

(4)灯具代号说明：G—隔爆灯；J—半圆球吸顶灯；H—花灯；F—防水防尘灯；B—壁灯；Y—荧光灯。注：灯具代号是按原来的习惯用汉语拼音的第一个字母标注，属于旧代号。

(5)层高为 4 m，插座安装高度为 0.3 m，开关安装高度为 1.3 m，楼板垫层较厚，沿地面配管配线。屋面有装饰性吊顶，吊顶高度为 0.3 m。W1、W2、W5 回路在楼板内暗敷，其余回路在楼板外明敷设。

(6)配电箱规格为 750 mm×540 mm×160 mm(高×宽×深)，安装高度为 1.4 m。

任务要求：

(1)熟悉图纸。

(2)查阅《广东省安装工程综合定额(2010 版)》《通用安装工程工程量计算规范》(GB 50856—2013)以及《建设工程工程量清单计价规范》(GB 50500—2013)中相关工程量计算规则及计价规范。

(3)参照编制"某办公科研楼照明工程"工程量清单计算表(含计算式)，相关表格格式见表 2.1。

表 2.1　工程量清单计算表的格式

序号	工程项目	单位	计算式	数量	备注
……	……	……	……	……	……

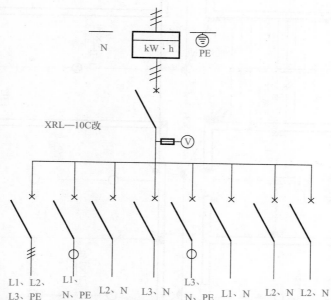

回路编号	W1	W2	W3	W4	W5	W6	W7	W8
导线数量与规格/mm²	4×4	3×2.5	2×2.5	2×2.5	3×4	2×2.5	2×2.5	2×2.5
配线方向	一层三相插座	一层③轴西部	一层③轴东部	走廊照明	二层单相插座	二层④轴西部	二层④轴东部	备用

图 2.1　办公科研楼照明配电系统图

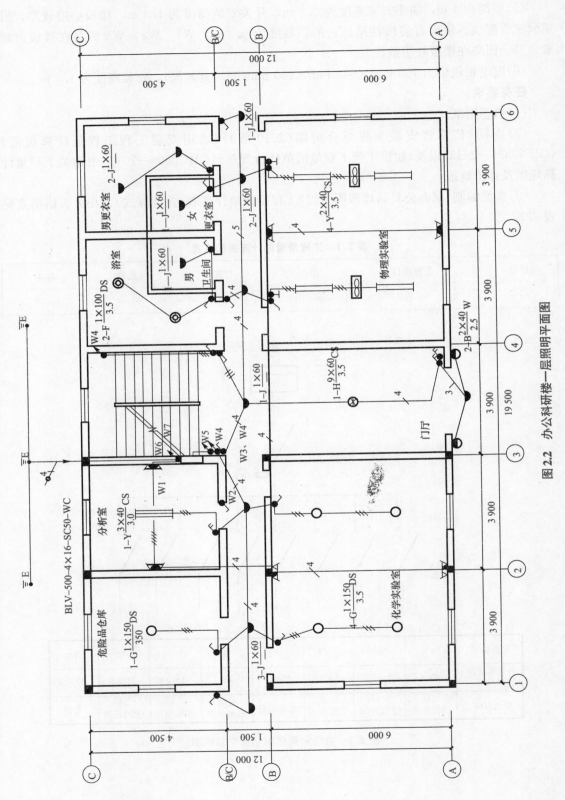

图 2.2 办公科研楼一层照明平面图

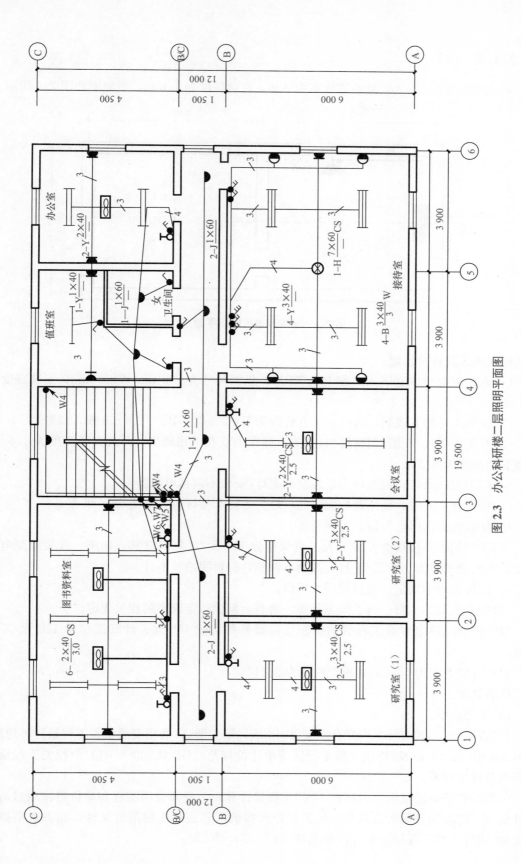

图 2.3 办公科研楼二层照明平面图

2.1.2 任务二

某房间层高为 3.2 m，架空进线高为 3 m，窗台高度为 1.8 m，平面图如图 2.4 所示。

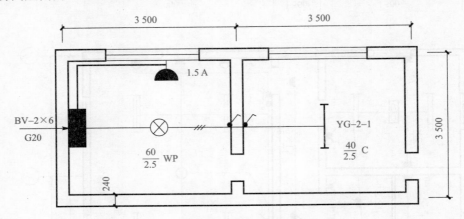

图 2.4 某房间电气照明平面图

电气施工及计价说明：

(1)入户配电箱成套嵌入式配电箱 XRM，板面尺寸为 250 mm×120 mm，安装高度为 1.5 m。

(2)配线为三相五线制，入户后所有管线为 PVC15 管，BV−2×1.5 线，暗敷。

(3)开关为扳式 86 型(塑料材质)开关，插座为双孔单相插座；开关安装高度为 1.5 m，插座安装高度为 0.3 m。

(4)灯为软线吊灯、荧光灯为组装型荧光灯(安装不包括电容器)。

(5)接线盒、开关、插座盒均为暗装；灯头为防水型灯头，规格均为 86 型。

(6)配管所需沟槽已预留，无须考虑。

(7)配管配线及接线盒安装的人工费调整为 114 元/工日，灯具、插座、开关及配电箱等安装人工费调整为 146 元/工日，其余不调整，材料明细暂不计。

(8)招标公告中规定：主材费用由甲供。

(9)安全文明施工费、脚手架工程费、暂列金额执行定额中的相关规定。

(10)按合同规定专业工程暂估价、总包服务费均按 100 元、计日工单价 126 元/工日计取。

(11)规费费率为 5.95%，税金税率为 3.41%。

任务要求：

(1)熟悉图纸。

(2)查阅《广东省安装工程综合定额(2010 版)》第二册、《通用安装工程工程量计算规范》(GB 50856—2013)以及《建设工程工程量清单计价规范》(GB 50500—2013)中相关工程量计算规则及计价规范。

(3)编制"某单层建筑室内照明工程"工程量计算表、分部分项工程和单价措施项目清单与计价表、综合单价分析表以及单位工程投标报价汇总表等工程造价文件，相关表格格式请查阅《建设工程工程量清单计价规范》(GB 50500—2013)。

2.2 相关知识学习

2.2.1 基础知识

1. 智能建筑

建筑电气工程是以电能、电气设备和电气技术为手段，创造、维持与改善建筑环境来实现某些功能的一门学科，它是由强电和弱电综合组成的，也是随着建筑科学技术由初级向高级阶段发展的产物。

20 世纪 80 年代，一个新名词"智能建筑"在建筑界诞生。智能建筑并不是特殊的建筑物，而是以最大限度激励人的创造力、提高工作效率为中心，配置了大量智能型设备的建筑。在这里广泛地应用了数字通信技术、控制技术、计算机网络技术、电视技术、光纤技术、传感器技术及数据库技术等高新技术，构成各类智能化系统。其通信系统以多媒体方式高速处理各种图、文、音、像信息，突破了传统的地域观念，以零距离、零时差与世界联系；其办公自动化系统通过强大的计算机网络与数据库，能综合高效地完成行政、财务、商务、档案、报表等处理业务；其建筑设备监控系统对建筑物内的电力、动力、照明、空调、通风、给水排水、电梯、停车库等机电设备进行监视、控制、协调和运行管理；其安全系统能对自然灾害（火灾、地震等）进行监视并做出对策，对人员的流动进行保安监视与综合管理。智能化建筑不仅能延长建筑物的使用寿命，降低设备的能耗，提高楼宇管理工作的效率，节省人工费用，更主要的是，其优美完善的环境与设施能大大提高建筑物使用人员的工作效率与生活的舒适感、安全感和便利感，使建造者与使用者都获得很高的经济效益。

2. 建筑电气工程的划分

根据建筑电气工程的功能，人们习惯将它分为强电（电力）工程和弱电（信息）工程。通常情况下，将电力、动力、照明等用的电能称为强电；而将传播信号、进行信息交换的电能称为弱电。

强电系统可以将电能引入建筑物，经过用电设备转换成机械能、热能和光能等，如变配电系统、动力系统、照明系统、防雷系统等。而弱电系统则是完成建筑物内部及内部与外部直接的信息传递与交换。如火灾报警系统及消防联动系统、通信系统、共用天线和卫星电视接收系统、安全防范系统、公共广播系统、建筑物自动化系统。随着信息时代的到来，信息已成为现代建筑不可缺少的内容，在建筑工程中的地位越来越重要。

根据《建筑工程施工质量验收统一标准》（GB 50300—2013），比较大的建筑工程可分为：地基与基础、主体结构、建筑装饰装修、建筑屋面、建筑给水排水及采暖、建筑电气、智能建筑、通风与空调、电梯 9 个分部工程。

建筑电气分部工程可分为：室外电气、变配电室、供电干线、电气动力、电气照明安装、备用和不间断电源安装、防雷及接地安装 7 个子分部工程。

智能建筑分部工程可分为：通信网络系统、办公自动化系统、建筑设备监控系统、火灾报警及消防联动系统、安全防范系统、综合布线系统、智能化集成系统、电源与接地、环境、住宅(小区)智能化系统 10 个子分部工程。

3. 建筑电气工程图的种类

(1)说明性文件、图例。

(2)概略图(系统图)。概略图是用符号或带注释的框，概略表示系统或分系统的基本组成、相互关系及其主要特征的一种简图，如图 2.5 所示。其用途是为进一步编制详细的技术文件提供依据，供操作和维修时参考。

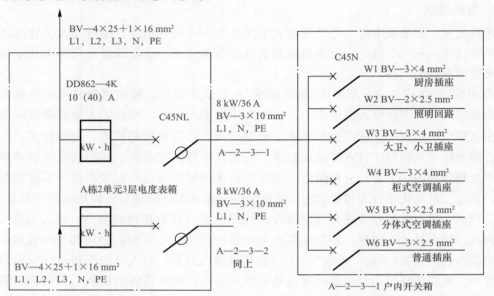

图 2.5　某住宅照明配电系统图

从图 2.5 中我们可以了解到 A 栋 2 单元 3 层的电度表箱(照明配电箱)共有 2 户，每户设备容量按 8 kW、电流按 36 A 计算，电度表箱的进线为三相五线，其中的 L1 相与电度表连接，电度表的型号为 DD862－4K、10(40) A(额定电流 10 A、最大电流 40 A)，经过 1 个 40 A 的 C45NL 型号的漏电保护断路器(自动开关)，再通过 3 根(相线 L1、零线 N 和接地保护线 PE)10 mm² 的 BV 型号导线进入户内。户内也有一个配电箱，又分成 6 个回路经自动开关向用户的电气设备配电，而 L1、L2、L3 继续向 4 层以上配电，零线 N 和接地保护线 PE 是公用的。对于 1 栋楼的配电系统图将会比较复杂，但其作用是相同的。

課堂思考

　　图 2.5 中的住宅照明系统为什么采用三相五线制供电？

(3)电路图。电路图是用图形符号按工作顺序排列，详细表示电路、设备或成套装置的全部基本组成和连接关系，而不考虑其实际位置的一种简图。其目的是便于详细理解作用原理、分析和计算电路特性，为测试和寻找故障提供信息等。任何电路都必须构成闭合回路。只有构成闭合回路，电流才能够流通，电气设备才能正常工作，这是我们判断电路图正误的首要条件。一个电路图的组成包括 4 个基本要素，即电源、用电设备、导线和开关控制设备。

（4）电气平面图。电气平面图是表示电气设备、装置与线路平面布置的图纸，是进行电气安装的主要依据。电气平面图是以建筑平面图为依据，在图上绘制电气设备、装置的安装位置及标注线路敷设方法等。如图 2.6 所示我们可以进一步了解到建筑的配电情况，灯具、开关等的安装位置情况及导线的走向，安装高度也可以通过说明或文字标注进行了解。

（5）接线图。安装接线图在现场常被称为安装配线图，主要用来表示电气设备、电器元件和线路的安装位置、配线方式、接线方式、配线场所等特征的图，一般与系统图、电路图和平面图等配套使用，如图 2.7 所示。

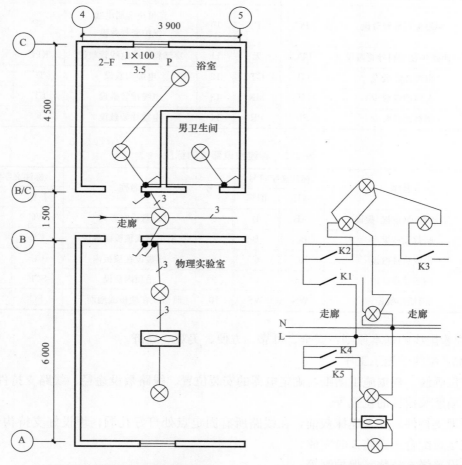

图 2.6　某局部房间照明平面图　　　　图 2.7　某局部房间照明原理接线图

2.2.2　电气照明工程施工工艺

1. 配管配线方式及施工工序

将绝缘导线穿入保护管内敷设，称为配管配线，是目前采用最广泛的室内输电配电安装方式之一。其可分为明配和暗配两种敷设方式。明配就是将管子敷设于墙壁、桁架、柱子等建筑结构的表面，要求横平竖直、整齐美观、固定牢靠；暗配管敷设就是将管固定在墙壁、地坪、楼板内，可避免导线受到腐蚀气体的侵蚀和遭受机械损伤，要求管路尽量短、弯曲少、不外露、便于穿线。常见的室内线路敷设方式及在工程图上文字符号标注见表 2.2。导线敷设部位的标注见表 2.3。新标准为《建筑电气制图标准》(GB/T 50786—2012)。

表 2.2　线路敷设方式的标注

序号	名称	标注文字符号		序号	名称	标注文字符号	
		新标	旧标			新标	旧标
1	穿低压流体输送用焊接钢管(钢导管)敷设	SC	S/C	8	用钢索敷设	M	M
2	穿普通碳素钢电线导管敷设	MT	T	9	直埋敷设	DB	无
3	穿硬塑料导管敷设	PC	P	10	穿可挠金属电线保护套管敷设	CP	F
4	穿阻燃半硬塑料导管敷设	FPC	无	11	穿塑料波纹电线管敷设	KPC	无
5	电缆托盘敷设	CT	CT	12	电缆沟敷设	TC	无
6	金属槽盘敷设	MR	MR	13	电缆排管敷设	CE	无
7	塑料槽盘敷设	PR	PR	14	电缆梯架敷设	K	K

表 2.3　导线敷设部位的标注

序号	名称	标注文字符号		序号	名称	标注文字符号	
		新标	旧标			新标	旧标
1	沿或跨梁(屋架)敷设	AB	B	6	暗敷设在墙内	WC	WC
2	暗敷设在梁内	BC	B	7	沿吊顶或顶板面敷设	CE	CE
3	沿或跨柱敷设	AC	C	8	暗敷设在顶板内	CC	无
4	暗敷设在柱内	CLC	C	9	吊顶内敷设	SCE	SC
5	沿墙面敷设	WS	WS	10	暗敷设在地板或地面下	FC	FC

(1)配管配线的基本原则：安全、可靠、方便、美观、经济。

(2)配管配线的施工工序。

1)定位画线。根据施工图纸，确定电器的安装位置、线路敷设途径、线路支持件位置、导线穿过墙壁及楼板的位置等。

2)预埋支持件。在土建抹灰前，在线路所有固定点处打好孔洞，埋设好支持构件。此项工作应尽量配合土建施工时完成。

3)装设绝缘支持物、保护管等。

4)敷设导线。

5)安装灯具、开关及电器设备等。

6)测试线路绝缘电阻。

7)试通电、校验、自检等。

(3)配管的选择。配线常用的管材有金属管和塑料管，工程中称为电线保护管或电线管。金属管常使用的有厚壁钢管、薄壁钢管、金属波纹管和普利卡套管 4 类，塑料管可分为几十种，配线所用的电线保护管多为 PVC 塑料管，PVC 是聚氯乙烯的代号，另外，常见的还有刚性阻燃管 PC，管材一般为 4 m/根，颜色有白色等，弯曲时需要专用弯曲弹簧。部分线管的选择见表 2.4。

表 2.4　BV、BLV 塑料绝缘导线穿管管径选择表

导线截面/mm²	PVC 塑料管(外径/mm)							焊接钢管(内径/mm)							电线管(外径/mm)						
	导线数/根							导线数/根							导线数/根						
	2	3	4	5	6	7	8	2	3	4	5	6	7	8	2	3	4	5	6	7	8
1.5	16						20	15						20	16				19		25
2.5	16					20		15					20		16				19		25
4	16		20					15			20				16		19	25			
6	16	20		25				15		20			25		19		25			32	
10	20	25		32				20		25			32		25			32		38	
16	25	32			40			25			32			40	25	32	38			51	
25	32		40			50		25	32		40		50		32	38	51				
35	32	40		50				32			50				38	51					
50	40		50			60		32	40		50		65		51						
70	50				60	80		50				65		80	51						
95	50	60		80				50		65		80									
120	50	60	80			100		50		65		80									

注：管径为 51 的电线管一般不用，因为管壁太薄，弯曲后易变形。

摘自《建筑安装工程施工图集 3 电气工程》

（4）导管敷设施工工艺。导管敷设的工艺流程大致可以分为：熟悉图纸，导管/线槽加工（弯曲、切割、套丝），盒、箱固定，导管/线槽敷设等几个部分。

1）管的切断。硬质聚氯乙烯塑料管的切断用带锯的多，用电工刀或钢锯条（图 2.8～图 2.10），切口应整齐。硬质 PVC 塑料管用锯条切断时，应直接锯到底。也可以使用厂家配套供应的专用切管器进行裁剪。应边稍转动管子边进行裁剪，使刀口易于切入管壁，刀口切入管壁后，应停止转动 PVC 塑料管（以保证切口平整），继续裁剪，直至管子切断为止。

图 2.8　电工刀

图 2.9　钢锯条

图 2.10　钢锯条刀架

2）硬塑料管的弯曲。冷煨法适用于硬质 PVC 塑料管在常温下的弯曲。在弯管时，将相应的管弯弹簧（图 2.11）插入管内煨弯处，两手握住管弯曲处弹簧的部位，用手逐渐弯出需要的弯曲半径来，如图 2.12 所示。

如果用手无力弯曲时，也可将弯曲部位顶在膝盖上或硬物上再用手扳，逐渐进行弯曲，但用力及受力点要均匀。弯管时，一般需弯曲至比所需要弯曲角度要小，待弯管回弹后，便可达到要求，然后抽出管内弯簧。

图 2.11　管弯弹簧

图 2.12　冷煨法管道弯曲

当弯曲较长的管子时，应用钢丝或细绳拴在弯簧一端的圆环上，以便弯簧完成后拉出，在弯簧未取出前，不要用力使弯簧回复，否则易损坏弯簧，当弯簧不易取出时，可逆时针转动弯簧，使之外径收缩，同时往外拉即可取出。

3)管与管的连接。管与管的连接一般均在施工现场管子敷设的过程中进行，硬质塑料管的连接方法较多，无论采用什么方法均应连接紧密。

①插入法连接时，把连接管端部擦净，将阴管端部加热软化，把阳管管端涂上胶粘剂，迅速插入阴管，插接长度为管内径的 1.1～1.8 倍，待两管同心时，冷却后即可，如图 2.13(a)所示。

②套接法连接时，用比连接管管径大一级的塑料管做套管，长度为连接管内径的 1.5～3 倍，把涂好胶粘剂的连接管，从两端插入套管内，连接管对口处应在套管中心，且紧密牢固，管的连接如图 2.13(b)所示。

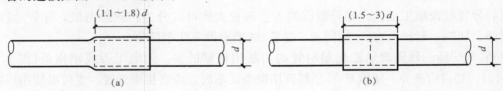

图 2.13　管与管的连接

③硬质 PVC 塑料管的连接，也可以采用专用成品管接头进行连接，连接管两端需涂套管专用的胶粘剂粘结。

④在暗配管施工中，常采用不涂胶粘剂直接套管的方法，套管的长度不宜小于连接管外径的 4 倍，且套管的内径与连接管的外径应紧密配合连接牢固。

4)管与盒(箱)的连接。硬质塑料管与盒(箱)连接，有的需要预先进行连接，有的则需要在施工现场配合施工过程中在管子敷设时进行连接。

硬质塑料管与盒(箱)连接方法很多，无论采用什么方法进行连接，总的质量要求是：连接管外径应与盒(箱)敲落孔一致，管口光滑，一管一孔顺直进入盒(箱)，在盒(箱)内露出长度应小于 5 mm，多根管进入配电箱时应长度一致，排列间距均匀，管与盒(箱)连接应固定牢固，各种盒(箱)的敲落孔不被利用的不应被破坏，如图 2.14 所示。

硬塑料与盒连接时，一般把管弯成 90°曲弯，在后面入盒，尤其是埋设在墙中的开关、插座盒，如果煨成鸭脖弯，在盒上方入盒，预埋砌筑时立管不易固定。

管与盒连接时要掌握好入盒长度，不应在预埋时使管口脱出盒子，也不应该使管插入盒内过长，更不应后打断管头，致使管口出现齿状或断在盒外出现负值。

开关盒　　　　　　　　　钢导管
　　　　　　　　　　　　锁紧螺母
　　　　　　　　　　　　金属缺口

图 2.14　管与盒的连接

(5)导线的规格。

1)B系列橡皮塑料电线。这种系列的电线结构简单，电气和机械性能好，广泛用于动力、照明及大中型电气设备的安装线，交流工作电压为 500 V 以下。

2)R系列橡皮塑料软线。这种系列软线的线芯由多根细铜丝绞合而成，除具有 B 系列电线的特点外，还比较柔软，广泛用于家用电器、小型电气设备、仪器仪表及照明灯线等。

3)Y系列通用橡套电缆。这种电缆常用于一般场合下的电气设备、电动工具等的移动电源线。

导线的连接方法很多，有铰接、焊接、压板压接、压线帽压接、套管连接、接线端子连接和螺栓连接等，具体方法见电气实训教材。

常见电线电缆规格型号见表 2.5。

表 2.5　电线电缆规格型号

型号	名称	用途
BX(BLX) BXF(BLXF) BXR	铜(铝)芯橡皮绝缘线 铜(铝)芯氯丁橡皮绝缘线 铜芯橡皮绝缘软线	适用于交流 500 V 及以下或直流 1 000 V 及以下的电气设备及照明装置之用
BV(BLV) BVV(BLVV) BVVB(BLVVB) BVR BV—105	铜(铝)芯聚氯乙烯绝缘线 铜(铝)芯聚氯乙烯绝缘氯乙烯护套圆形电线 铜(铝)芯聚氯乙烯绝缘氯乙烯护套平形电线 铜(铝)芯聚氯乙烯绝缘软线 铜芯耐热 105 ℃聚氯乙烯绝缘软线	适用于各种交流、直流电器装置，电工仪表、仪器，电信设备，动力及照明线路固定敷设之用
RV RVB RVS RV—105 RXS RX	铜芯聚氯乙烯绝缘软线 铜芯聚氯乙烯绝缘平行软线 铜芯聚氯乙烯绝缘绞型软线 铜芯耐热 105 ℃聚氯乙烯绝缘连接软电线 铜芯橡皮绝缘棉纱编织绞型软电线 铜芯橡皮绝缘棉纱编织圆形软电线	适用于各种交流、直流电器、电工仪表、家用电器、小型电动工具、动力及照明装置的连接

型号	名称	用途
BBX BBLX	铜芯橡皮绝缘玻璃丝编织电线 铝芯橡皮绝缘玻璃丝编织电线	适用电压分别有 500 V 及 250 V 两种，用于室内外明装固定敷设或穿管敷设
VV	铜芯聚氯乙烯绝缘聚氯乙烯护套电力电缆	敷设于室内、隧道、电缆沟及管道中，也可埋在松散的土壤中，电缆不能承受机械外力作用，但可承受一定的敷设牵引
VLV	铝芯聚氯乙烯绝缘聚氯乙烯护套电力电缆	
VY	铜芯聚氯乙烯绝缘聚乙烯护套电力电缆	
VLY	铝芯聚氯乙烯绝缘聚乙烯护套电力电缆	
YJV	铜芯交联聚乙烯绝缘聚氯乙烯护套电力电缆	
YJLV	铝芯交联聚乙烯绝缘聚氯乙烯护套电力电缆	
HQ	裸铅护套市内电话电缆	
HYA	铜芯聚乙烯绝缘，铝、聚乙烯粘接组合护层电话电缆	
HYY	铜芯聚乙烯绝缘聚乙烯护套电话电缆	
HYV	铜芯聚乙烯绝缘聚氯乙烯护套电话电缆	

注：B——第一个字母表示布线，第二个字母表示玻璃丝编制；V——第一个字母表示聚氯乙烯（塑料）绝缘，第二个字母表示聚氯乙烯护套；Y——第一个字母表示聚乙烯（塑料）绝缘，第二个字母表示聚乙烯护套；YJ——交联聚乙烯；L——铝，无 L 则表示铜；F——复合型；R——软线；S——双绞；X——绝缘橡胶；H——市内电话电缆。

2. 通用灯具安装施工工序

（1）灯具安装方式。常见灯具安装方式见表 2.6。

表 2.6 灯具安装方式标注的文字符号

序号	名称	文字符号
1	线吊式	SW
2	链吊式	CS
3	管吊式	DS
4	壁装式	W
5	吸顶式	C
6	嵌入式	R
7	吊顶内安装	CR
8	墙壁内安装	WR
9	支架上安装	S
10	柱上安装	CL
11	座装	HM

（2）灯具安装施工工序。灯具种类和结构形式繁多，施工工艺也千差万别，这里仅以常见的普通白炽吸顶灯施工工序为例，简单介绍灯具的安装工序。

普通白炽吸顶灯是直接安装在室内顶棚上的一种常见固定式灯具，形状有圆形或半扁圆形及尖扁圆形、长方形和方形等多种。灯罩也有用乳白玻璃（塑料）、喷砂玻璃（塑料）或彩色玻璃（塑料）等制成各种不同形状的封闭体。具体安装步骤如图 2.15 所示。

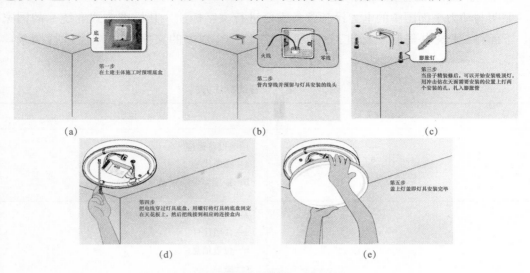

图 2.15　某普通白炽吸顶灯施工工序

(a)土建主体施工时预埋底盒；(b)管内穿线并预留与灯具安装的线头；(c)精装修后开始安装灯具，先打孔，再扎入膨胀管；(d)把预留导线穿过灯具底盘，用螺钉固定灯具底盘，然后将导线连接到灯具内部的连接盒内；(e)盖上灯具

注意：安装时应在断电的环境下进行；安装完成后应使用验电笔等相关工具做通电试验和绝缘试验。

吸顶灯安装的基本技术要求如下：

1)在砖石结构中安装吸顶灯时，应采用预埋螺栓或膨胀螺栓、尼龙塞或塑料塞固定；不可使用木楔。并且上述固定件的承载力应与吸顶灯的重量相匹配，以确保吸顶灯牢固可靠，并可延长其使用寿命。

2)当采用膨胀螺栓固定时，应按产品的技术要求选择螺栓规格，其钻孔直径和埋设深度要与螺栓规格相符。

3)固定灯座螺栓的数量不应少于灯具底座上的固定孔数，且螺栓直径应与孔径相配；底座上无固定安装孔的灯具(安装时自行打孔)，每个灯具用于固定的螺栓或螺钉不应少于 2 个，且灯具的重心要与螺栓或螺钉的重心相吻合；只有当绝缘台的直径在 75 mm 及以下时，才可采用 1 个螺栓或螺钉固定。

4)吸顶灯不可直接安装在可燃的物件上。

5)吸顶灯安装前还应检查：引向每个灯具的导线线芯的截面，铜芯软线不小于 0.4 mm²，铜芯不小于 0.5 mm²，否则引线必须更换；导线与灯头的连接、灯头间并联导线的连接要牢固，电气接触应良好，以免出现导线与接线端之间产生火花而发生危险。

2.2.3　电气照明工程施工图识读

照明与动力工程是现代建筑工程中最基本的电气工程。动力工程主要是指以电动机为动力的设备、装置及其启动器、控制柜(箱)和配电线路的安装；照明工程主要包括灯具、开关、插座等电气设备和配电线路的安装。

1. 照明与动力工程施工图的文字标注

照明与动力平面图中的电力设备常常需要进行文字标注，其标准方式有统一的国家标准，下面将《建筑电气制图标准》(GB/T 50786—2012)中的文字符号标注进行摘录，见表 2.7。

表 2.7　电气设备的标注方式

序号	标注方式	说明
1	$\dfrac{a}{b}$	用电设备标注 a—参照代号 b—额定容量(kW 或 kV·A)
2	$-a+b/c$ 注1	系统图电气箱(柜、屏)标注 a—参照代号 b—位置信息 c—型号
3	$-a$ 注1	平面图电气箱(柜、屏)标注 a—参照代号
4	$a\ b/c\ d$	照明、安全、控制变压器标注 a—参照代号 b/c—一次电压/二次电压 d—额定容量
5	$a-b\dfrac{c\times d\times L}{e}f$ 注2	灯具标注 a—数量 b—型号 c—每盏灯具的光源数量 d—光源安装容量 e—安装高度(m) "—"表示吸顶安装 L—光源种类 f—安装方式
6	$\dfrac{a\times b}{c}$	电缆梯架、托盘和槽盒标注 a—宽度(mm) b—高度(mm) c—安装高度(mm)
7	$a/b/c$	光缆标注 a—型号 b—光纤芯数 c—长度

序号	标注方式	说明
8	a b—c (d×e+f×g) i—jh 注3	线缆的标注 a—参照代号 b—型号 c—电缆根数 d—相导体根数 e—相导体截面(mm²) f—N、PE导体根数 g—N、PE导体截面(mm²) i—敷设方式和管径(mm) j—敷设部位 h—安装高度(m)
9	a—b(c×2×d) e—f	电话线缆的标注 a—参照代号 b—型号 c—导体对数 d—导体直径(mm) e—敷设方式和管径(mm) f—敷设部位

注：1. 前缀"—"在不会引起混淆时可省略。

2. 灯具的标注见《建筑电气制图标准》(GB/T 50786—2012)第3.4.1条第3款的规定。

3. 当电源线缆 N 和 PE 分开标注时，应先标注 N，后标注 PE(线缆规格中的电压值在不会引起混淆时可省略)。

2. 照明与动力工程施工图的识读方法

(1)熟悉电气图例符号，弄清楚图例、符号所代表的内容。常用的电气工程图例及文字符号可参见国家颁布的《建筑电气制图标准》(GB/T 50786—2012)。

(2)针对一套电气施工图一般应先按以下顺序阅读，然后再对某部分内容进行重点识读：

1)看标题栏及图纸目录：了解工程名称、项目内容、设计日期及图纸内容、数量等。

2)看设计说明：了解工程概况、设计依据等，了解图纸中未能表达清楚的各有关事项。

3)看设备材料表：了解工程中所使用的设备、材料的型号、规格和数量。

4)看系统图：了解系统基本组成，主要电气设备、元件之间的连接关系以及它们的规格、型号、参数等，掌握该系统的组成概况。

5)看平面布置图：如照明平面图、防雷接地平面图等；了解电气设备的规格、型号、数量及线路的起始点、敷设部位、敷设方式和导线根数等；平面图的阅读可按照以下顺序进行：电源进线—总配电箱—干线—支线—分配电箱—电气设备。

6)看控制原理图：了解系统中电气设备的电气自动控制原理，以指导设备安装调试工作。

7)看安装接线图：了解电气设备的布置与接线。

8)看安装大样图：了解电气设备的具体安装方法、安装部件的具体尺寸等。

（3）抓住电气施工图要点进行识读。

1）在明确负荷等级的基础上，了解供电电源的来源、引入方式及路数。

2）了解电源的进户方式是由室外低压架空引入还是电缆直埋引入。

3）明确各配电回路的相序、路径、管线敷设部位、敷设方式以及导线的型号和根数。

4）明确电气设备、器件的平面安装位置。

（4）结合土建施工图进行阅读。电气施工与土建施工结合得非常紧密，施工中常常涉及各工种之间的配合问题。电气施工平面图只反映了电气设备的平面布置情况，结合土建施工图的阅读还可以了解电气设备的立体布设情况。

（5）熟悉施工顺序，便于阅读电气施工图。如识读配电系统图、照明与插座平面图时，就应首先了解室内配线的施工顺序。具体如下：

1）根据电气施工图确定设备安装位置、导线敷设方式、敷设路径及导线穿墙或楼板的位置。

2）结合土建施工进行各种预埋件、线管、接线盒、保护管的预埋。

3）装设绝缘支持物、线夹等，敷设导线。

4）安装灯具、开关、插座及电气设备。

5）进行导线绝缘测试、检查及通电试验。

6）工程验收。

（6）识读时，施工图中各图纸应协调配合阅读。对于具体工程来说，为说明配电关系时需要有配电系统图；为说明电气设备、器件的具体安装位置时需要有平面布置图；为说明设备工作原理时需要有控制原理图；为表示元件连接关系时需要有安装接线图；为说明设备、材料的特性、参数时需要有设备材料表等。这些图纸各自的用途不同，但相互之间是有联系并协调一致的。在识读时应根据需要，将各图纸结合起来识读，以达到对整个工程或分部项目全面了解的目的。

2.2.4　电气照明工程计量与计价

电气设备安装工程中的配电线路、照明线路及电气装置与设备，需用导线或导管将它们连接起来形成系统，达到通电使用与安全的目的。线路中的导线、导管用量非常大，计算数量正确与否，将影响工程造价，所以必须按施工图纸，遵照计算规则要求，用相应的方法进行计算。

1. 工程量计算规则

（1）变压器安装工程量计算。

1）变压器安装，按不同电压等级、不同容量和不同类型分别以"台"计量。

2）根据技术规范要求，变压器绝缘受潮需要干燥时，按电压等级及容量，以"台"计量，需搭拆干燥棚时按实计算。

3）变压器安装不包括变压器系统调试，其调试工程量按"系统"需另计。

（2）配电装置安装工程量计算。

1）断路器（QF）、电流互感器（TA）、电压互感器（TV）、电力电容器等安装，均以"台/个"计量。

2）负荷开关（QL）、隔离开关（QS）、熔断器、避雷器安装，以"组"计量，每三相为一组。

3)以上设备安装未包括地脚螺栓、浇筑(二次灌浆、抹面),如需安装应按现行国家标准《房屋建筑与装饰工程工程量计算规范》(GB 50854—2013)相关规定执行。

(3)母线安装工程量计算。硬母线安装(带形、槽形、管形)及组合软母线工程量按设计图示尺寸以单相长度计算(含预留),预留长度见表2.8。

表 2.8 硬母线配置安装预留长度   m/根

序号	项目	预留(附加)长度	说明
1	带形、槽形母线终端	0.3	从最后一个支持点算起
2	带形、槽形母线与分支线连接	0.5	分支线预留
3	带形母线与设备连接	0.5	从设备端子接口算起
4	多片重型母线与设备连接	1.0	从设备端子接口算起
5	槽形母线与设备连接	0.5	从设备端子接口算起
6	接地母线、避雷网附加长度	3.9%	接地母线、引下线、避雷网全长计算

(4)控制设备及低压配电器安装。无论明装、暗装、落地式、嵌入式、支架式等安装方式,不分型号,不分规格,均以设计图示数量以"台/个/套"计量,包括控制箱、配电箱、各类开关柜(屏)、各类开关、插座、插座等。

(5)电缆安装。电缆:一根或多根相互绝缘的导线,置于密闭绝缘护套中,外加保护覆盖层而成的导线。电缆可敷设于地下、空中、江湖或海底中。电缆按用途一般分为:电力电缆,用以分配和传输电能;控制电缆,用以控制和操纵各种电气设备;通信电缆,用以通信连接线路。电缆的敷设方式有:直埋、电缆沟、井道、线(隧)道、穿管、悬挂、支架、托架、桥架等。

各类电缆安装的工程量均按设计图示尺寸以长度"m"计算(含预留长度及附加长度),预留长度及附加长度见表2.9。电缆长度计算如图2.16所示,计算式为:$L=(l_1+l_2+l_3+l_4+l_5+l_6+l_7)\times(1+2.5\%)$。

表 2.9 电缆敷设预留及附加长度

序号	项目	预留(附加)长度	说明
1	电缆敷设弛度、波形弯度、交叉	2.5%	按电缆全长计算
2	电缆进入建筑物	2.0 m	规范规定最小值
3	电缆进入沟内或吊架时引上(下)预留	1.5 m	规范规定最小值
4	变电所进线、出线	1.5 m	规范规定最小值
5	电力电缆终端头	1.5 m	检修余量最小值
6	电缆中间接头盒	两端各留 2.0 m	检修余量最小值
7	电缆进控制、保护屏及模拟盘、配电箱等	高+宽	按盘面尺寸
8	高压开关柜及低压配电盘、箱	2.0 m	盘下进出线
9	电缆至电动机	0.5 m	从电动机接线盒算起
10	厂用变压器	3.0 m	从地坪算起
11	电缆绕过梁柱等增加长度	按实计算	按被绕物的断面情况计算增加长度
12	电梯电缆与电缆架固定点	每处 0.5 m	规范规定最小值

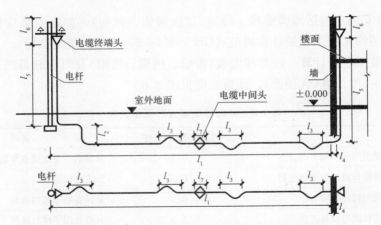

图 2.16　电缆从杆上引下埋地入户长度计算示意图

电缆头按设计图示数量以"个"计算。

本部分涉及的电缆适应 10 kV 及以下电力电缆和控制电缆的敷设工程，不适应下列电缆的敷设：

1)35～220 kV 电力电缆，参考水利电力部专用定额；

2)通信、综合布线的屏蔽电缆及光纤电缆，参考对应章节的清单、定额工程量计算规则。

(6)配管安装。配管、线槽、桥架等均按设计图示尺寸以长度"m"计量，不扣除接线盒（箱）、灯头盒、开关盒所占长度。各类开关盒、灯头盒及插座盒等接线盒/箱安装，均按图示数量以"个"计量。

计算要领：以配电箱或柜为起点，按系统图的回路依次逐一计算至末尾；或按建筑物平面形状等特点分片划块计算，然后分别将同管材、同规格型号、相同敷设方式的导管汇总，即得配管数量。

计算方法：

1)水平方向敷设的线管，以电气施工平面布置图的线管走向和敷设部位为依据，并借用建筑物平面图所标墙、柱轴线尺寸进行线管长度的计算。沿墙暗敷的管，借用墙、柱中心线计算，沿墙明敷的管，按墙、柱之间的净长度计算。

水平斜向敷设时：如埋入地面以下或者埋入现浇混凝土楼板内的水平斜向导管，当图纸标注有尺寸时，按图示尺寸计算；没有标注尺寸，当图纸比例正确时，可用比例尺从中心至中心仔细进行量算。

2)垂直方向敷设的管（沿墙、柱引上或引下），其工程量计算与楼层高度及与箱、柜、盘、板、开关等设备安装高度有关，如图 2.17 所示。

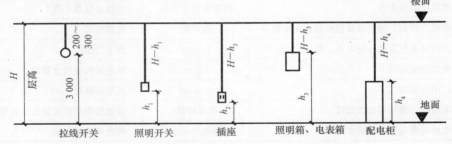

图 2.17　垂直方向导管长度计算示意图

(7)配线安装。管内穿线按动力与照明、铝芯与铜芯、单芯与多芯等不同分别计算，设计图示尺寸以长度"m"计量（含预留长度），预留长度见表2.10，其计量表达式为

管内穿线计算工程量＝（配管长度＋导线预留长度）×同截面导线根数

计算时注意：

1)灯具、开关、插座、按钮等的预留线已综合考虑在相应的定额内，不另行计算。

2)配线进入箱、柜、板的预留线长度，见表2.10。

表2.10 配线进入箱、柜、板的预留长度

序号	项目	预留长度/m	说明
1	各种开关箱、柜、板	高＋宽	按盘面尺寸
2	单独安装(无箱、盘)的铁壳开关、闸刀开关、启动器、线槽进出线盒等	0.3	从安装对象中心算起
3	由地面管子出口引至动力接线箱	1.0	从管口算起
4	电源与管内导线连接(管内穿线与软、硬母线接点)	1.5	从管口算起
5	出户线	1.5	从管口算起

(8)照明器具安装。均按设计图示数量以"套"计算工程量。同时计量及计价还需注意以下内容：

1)灯具种类繁多，其规格、型号及其标志，各厂家不统一也不规范，造成计量及计价的困难。所以，《广东省安装工程综合定额(2010版)》相关部分(第二册下)附有"照明灯具彩色照片"与所列子目对应。无论定额立项还是清单立项，对灯具的特征描述必须清楚。

2)灯头盒安装，清单归入相应的配管中，定额套用相应子目。

3)灯具支架现场加工另列项算量计价，灯具自带支架者不计算此项。

4)灯具安装高度距离地面超过5 m以上、20 m以下时，按超高部分人工费的33%计算超高作业费。

5)照明系统安装，包括灯具本体安装、测量绝缘电阻及试亮等工作，不包括亮度等要求的调试和调光设备的安装。如有特殊调试要求，其涉及的设备、装置及设备支架的制作、安装和调试，必须另立项计算。根据相关规定要求，公用照亮试亮连续24 h、住宅照明试亮连续8 h，无异常，验收。

(9)开关、按钮、插座安装的工程量。均按设计图示数量以"个"计算工程量。

(10)附属工程安装。

1)电气工程的各种支架、铁构件的制作安装均按设计图示尺寸以质量计量。

2)开孔洞按设计图示数量以"个"计量。

(11)电气调整试验。按电力变压器、送配电装置、不间断电源、照明系统等部分，按"系统"计量。

课堂思考

《广东省安装工程综合定额(2010版)》第二册《电气设备安装工程》与《通用安装工程工程量计算规范》(GB 50856—2013)中对应的电气照明部分子目工程量计量有什么区别？

【例 2.1】 某工程进户线标注为：BV－500V－3×16＋1×10－SC32－FC，采用三相四线制 380 V/220 V 送电，电源采用架空进户，高度为 5.8 m，进户后穿钢管引至总配电箱，总配电箱 M－2 安装在二楼，底距地 1.4 m，箱面宽×高为 1 000 mm×800 mm，总配电箱引至各层分配电箱的干线标注为：BV－500V－3×6－SC25－WC，分配电箱安装底距地 1.4 m，箱面宽×高为 800 mm×600 mm，本建筑物为砖混结构，楼层高 2.8 m，楼板厚 0.2 m，进户管水平长度为 2.0 m，配电箱配管示意图如图 2.18 所示。计算进户线、干线配管和管内穿线的工程量。

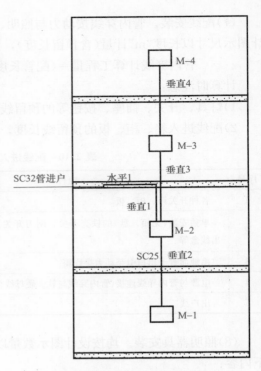

图 2.18 某工程配电箱配管示意图

解：顺着电流方向，根据管内穿线根数不同分段计算，过程如下：

(1)进户管为 DN32 钢管暗配，管长为＝2(水平 1)＋(2.8－1.4－0.8－0.1)(垂直)＋0.15(进户预留)＝2.65(m)

(2)BV－16 mm² 管内穿线：[2.65＋2.5(进户线预留)＋(0.8＋1)(总配电线箱预留)]×3＝20.85(m)

BV－10 mm² 管内穿线：[2.65＋2.5(进户线预留)＋(0.8＋1)(总配电线箱预留)]×1＝6.95(m)

(3)干管配管为 SC25 暗配，管长为：

M－1 至 M－2、M－3 至 M－4 的垂直长度：[1.4＋0.2(楼板厚度)＋(2.8－1.4－0.6－0.2 楼板厚度)]×2＝4.4(m)

M－2 至 M－3 的垂直长度：1.4＋0.2(楼板厚度)＋(2.8－1.4－0.8－0.2 楼板厚度)＝2(m)

合计：4.4＋2＝6.4(m)

(4)干线穿线。

BV－6 mm² 管内穿线：[6.4＋(0.8＋1)×2(总配电箱 M－2 预留)＋(0.6＋0.8)×4]×3＝46.8(m)

【例 2.2】 某教学楼部分照明平面图如图 2.19 所示，分支线路 2～3 根穿 PC16 管，4～6 根穿 PC20 管沿砖混结构暗敷，导线为 BV－2.5 mm²，楼层高为 3 m，楼板厚 200 mm，开关箱暗装，箱底距地 1.4 m 暗装，箱面宽×高为 400 mm×350 mm，照明器开关及插座均暗装，开关距地 1.2 m，插座(二孔)距地 0.3 m，计算从开关箱到各照明器具的分支配管配线工程量。

解：首先复核各段管内穿线的根数，同根数的管段加在一起，初学者先把水平和垂直分开计算，以免混淆或漏算。

(1)平面长度。平面图所表达的平面长度共有 9 段，每一段管内所穿的导线根数不同，

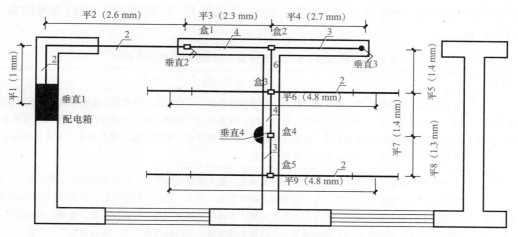

图 2.19 某教学楼部分照明平面图

分别量取管长并同时计算线长。分别把它标以平1～平9，逐一量取它们的长度，配管和管内穿线工程量同时计算。

BV-2×2.5-PC16：1(平1)+2.6(平2)+4.8(平6)+4.8(平9)=13.2(m)

BV-3×2.5-PC16：2.7(平4)+1.3(平8)=4.0(m)

BV-4×2.5-PC20：2.3(平3)+1.4(平7)=3.7(m)

BV-6×2.5-PC20：1.4(平5)=1.4(m)

管合计：PC16 13.2+4=17.2(m)

　　　　PC20 3.7+1.4=5.1(m)

线合计：BV-2.5：13.2×2+4×3+3.7×4+1.4×6=61.6(m)

(2)垂直长度和预留长度。这里垂直管段共有配电箱引出、2个开关、1个插座四处垂直长度，分别标以垂直1～垂直4，其中垂直1管段有导线预留长度，其余段预留在计价中综合考虑，不另计。

1)BV-2×2.5-PC16

垂直1管线长：管长=3(层高)-1.4(箱底距地)-0.35(箱高)=1.25(m)

线长=1.25(管长)+(0.35+0.4)(配电箱预留)=2(m)

垂直4管线长=3(层高)-0.3(插座距地)=2.7(m)

2)BV-3×2.5-PC16

垂直2管线长=垂直3管线长=3(层高)-1.2(开关距地)=1.8(m)

3)管合计(均为PC16)=1.25+2.7+1.8×2=7.55(m)

线合计(BV-2.5)=(2+2.7)×2+1.8×2×3=20.2(m)

(3)合计。

PC16：17.2+7.55=24.75(m)

PC20：5.1 m

BV-2.5：61.6+20.2=81.8(m)

2. 电气照明工程定额、清单的内容及注意事项

(1)定额内容。电气照明安装工程使用的是《广东省安装工程综合定额(2010版)》第二册

《电气设备安装工程》中的第 11 章"配管、配线"以及第 12 章"照明器具"中的相关内容。具体内容见表 2.11。

表 2.11　第二册《电气设备安装工程》定额项目设置内容

章目	章节内容
第 11 章 配管、配线	包括镀锌电线管敷设，镀锌钢管敷设，防爆钢管敷设，可挠金属套管敷设，塑料管敷设，金属软管敷设，金属线槽安装，塑料线槽安装，管内穿线，鼓形绝缘子配线，针式绝缘子配线，蝶式绝缘子配线，线槽配线，塑料护套线明敷设，绝缘导线明敷设，钢索架设，母线拉紧装置及钢索拉紧装置制作安装，车间带形母线安装，接线箱安装，接线盒安装
第 12 章 照明器具	普通灯具安装，装饰灯具安装，荧光灯具安装，嵌入式地灯安装，工厂灯及防水防尘灯安装，工厂其他灯具安装，医院灯具安装，霓虹灯安装，路灯安装，开关、按钮、插座安装，声控(红外线感应)延时开关、柜门触动开关安装，带保险盒开关安装，带保险盒插座安装，安全变压器、电铃、风扇安装，盘管风机开关、请勿打扰灯、须刨插座、钥匙取电器安装，红外线浴霸安装，风扇调速开关安装，多线式床头柜插座连插头、多联组合开关插座、多线插头连座安装，有载自动调压器、自动干手装置安装，床头柜集控板安装，艺术喷泉电气设备安装，喷泉防水配件安装，艺术喷泉照明安装

(2)定额使用注意事项。

1)本综合定额适用于广东省全省行政区域内新建、改建和扩建的工业与民用安装工程。

2)本综合定额是完成单位工程量所需的人工、材料、机械、管理费和必要的施工措施费的计量标准，它反映了社会平均消耗水平。

3)本综合定额的工作内容简单扼要说明主要的施工工序，次要的工序虽然没有具体说明，但已经综合考虑在内。

4)本综合定额内未注明的单价的材料均为未计价材料，基价中不包括其价格，应根据"[　]"内所列的用量计算。

5)本综合定额的管理费是根据不同类别的地区的施工企业为组织施工生产经营活动所发生的费用测算确定的。根据我省经济社会发展状况，综合考虑近年来经济增长、就业状况、物价水平等因素将全省划分为以下四个地区类别：

①一类地区：广州、深圳。

②二类地区：珠海、佛山、东莞、中山。

③三类地区：汕头、惠州、江门。

④四类地区：韶关、河源、梅州、汕尾、阳江、湛江、茂名、肇庆、清远、潮州、揭阳、云浮。

6)本综合定额第二册《电气设备安装工程》第 11 章"配管、配线"中管内穿线的线路分支接头长度已综合考虑在定额中，不得另行计算。

7)本综合定额第二册《电气设备安装工程》第 11 章"配管、配线"中照明线路中的导线截面大于或等于 6 mm^2 时，应执行动力线路穿线相应项目。

8)本综合定额第二册《电气设备安装工程》第 11 章"配管、配线"中灯具、开关、插座、按钮等的预留线，已分别综合在相应的项目内，不另行计算。

9)本综合定额第二册《电气设备安装工程》第 11 章"配管、配线"中所指的刚性阻燃管为刚性 PVC 难燃线管，分轻型、中型、重型，颜色有白色、纯白色，弯曲时需要专用弯曲弹簧，管材长度一般为 4 m/根，管子的连接方式采用专用接头插入法连接，连接处结合面涂专用胶粘剂，接口密封。半硬质塑料管为阻燃聚乙烯软管，颜色有黄、红、白色等，管道柔软，弯曲自如而无须专用工具或加热，安装难以横平竖直，管材成捆供应，一般为每捆100 m，管子的连接方式采用专用接头抹塑料胶后粘结。

10)本综合定额第二册《电气设备安装工程》第 12 章"照明器具"中装饰灯具项目均已考虑了一般工程的超高作业因素，并包括脚手架搭拆费用。

11)本综合定额第二册《电气设备安装工程》第 12 章"照明器具"中除另有说明外，灯具安装均未包括支架制作安装，发生时执行本综合定额 C.2.4 章铁构件制作、安装相应项目。

12)本综合定额第二册《电气设备安装工程》，分部分项工程增加费计取有如下规定：

①在洞内、地下室内、库内或暗室内进行施工增加费：按该部分人工费的 30% 计算。

②在管井内、竖井内和封闭天棚内进行施工增加费：按该部分人工费的 25% 计算。

13)本综合定额第二册《电气设备安装工程》，措施项目费计取有如下规定：

①脚手架搭拆费：按人工费的 4% 计算(10 kV 以下架空线路和单独承担埋地或沟槽敷设线缆工程除外)。

②安全文明施工费：按人工费的 26.57% 计算。

14)本综合定额第二册《电气设备安装工程》，其他项目费中的暂列金额计取有如下规定：招标控制价和施工图预算按分部分项工程费的 10%～15%，具体由发包人根据工程特点确定。结算按实际发生数额计算。

15)本综合定额第二册《电气设备安装工程》，规费的计算基数，除注明外有如下规定：

①工程量清单计价时，按(工程量清单项目费＋措施项目费＋其他项目费)计算；

②定额计价时，按(分部分项工程费＋措施项目费＋其他项目费)计算；

③在工程计价中，规费列在税金之前。

(3)清单内容。电气照明安装工程清单计价使用的是《建设工程工程量清单计价规范》(GB 50500—2013)、《通用安装工程工程量计算规范》(GB 50856—2013)中的 D.11"配管、配线"以及 D.12"照明器具安装"中的相关内容。具体内容见表 2.12。

表 2.12　《通用安装工程工程量计算规范》(GB 50856—2013)部分项目设置内容

项目编码	项目名称	分项工程项目
030411	配管、配线	包括配管、线槽、桥架、配线、接线箱、接线盒共 6 个分项工程项目
030412	照明器具安装	包括普通灯具、工厂灯、高度标志(障碍)灯、装饰灯、荧光灯、医疗专用灯、一般路灯、中杆灯、高杆灯、桥栏杆灯、地道涵洞灯共 11 个分项工程项目

(4)清单使用注意事项。

1)采用工程量清单方式招标，工程量清单必须作为招标文件的组成部分，其准备性和完整性由招标人负责。

2)《通用安装工程工程量计算规范》(GB 50856—2013)中电气安装工程与《市政工程工程量计算规范》(GB 50857—2013)中路灯的界定：厂区、住宅小区的道路路灯安装工程、庭院艺术喷泉等电气设备安装工程按通用安装工程"电气设备安装工程"相应项目执行；涉及市政道路、庭院等电气安装工程的项目，按市政工程中"路灯工程"的相应项目执行。

3)分部分项工程量清单应包括项目编码、项目名称、项目特征、计量单位和工程量。

4)分部分项工程量清单的项目编码，应采用前十二位阿拉伯数字表示，一至九位应按计量规范附录的规定设置，十至十二位应根据拟建工程的工程量清单项目名称设置，同一招标工程的项目编码不得有重码。

5）分部分项工程量清单的项目名称应按计量规范附录的项目名称结合拟建工程的实际确定。

6）分部分项工程量清单的项目特征应按计量规范附录中规定的项目特征，结合拟建工程项目的实际予以描述。

7）分部分项工程量清单的计量单位和工程量均按计量规范附录中规定的相关要求执行，如有两个或两个以上的计量单位，应结合实际情况，选择其一确定。

8）工程计量时每一项目汇总的有效位数应遵循下列规定：

①以"t"为单位，应保留小数点后三位数字，第四位小数四舍五入；

②以"m、m^2、m^3、kg"为单位，应保留小数点后两位数字，第三位小数四舍五入；

③以"台、个、件、套、根、组、系统"为单位，应取整数。

9）编制工程量清单出现计量规范附录中未包括的项目，编制人应作补充，并报省级或行业工程造价管理机构备案。补充项目的编码由《通用安装工程工程量计算规范》的代码03与B和三位阿拉伯数字组成，并应从03B001起顺序编制，同一招标工程的项目不得重码。

2.2.5 案例分析

下面以任务一为例分析说明识图与算量。

1. 配电箱的尺寸和安装位置

已知配电箱的型号为XRL（仪）-10C改，查阅《建筑安装工程施工图集3 电气工程》，可知配电箱规格为550 mm×650 mm×160 mm（宽×高×深），XRL是嵌入式动力配电箱；（仪）为设计序号，含义为安装有电度表或电压指示仪表；10为电路方案号；C为电路分方案号；改的含义为定制（非标准箱），需要将几个三相自动开关（低压断路器）更换成单相自动开关和漏电保护开关。因为该建筑既有三相动力设备又有单相设备，目前还没有这样的标准配电箱，所以要定制，现代的配电箱内开关是导轨式安装，改装非常方便，定制已非常普遍。

规范上要求照明配电箱的安装高度一般为：当箱体高度不大于600 mm时，箱体下口距地面宜为1.5 m；当箱体高度大于600 mm时，箱体上口距地面不宜大于2.2 m。

根据平面图的情况，配电箱的安装位置可确定为中心距ⓒ轴线3 m，距ⓑⓒ轴线1.5 m，底边距地面1.5 m，1.5（安高）+0.65（箱高）=2.15（m），上边距地2.15 m。满足箱体上口距地面不宜大于2.2 m的条件。

2. W1回路分析

W1回路连接带接地三相插座6个，标注应为BV-4×4-SC20-FC，含义为穿焊接钢管DN20埋地暗敷，插座安装高度为0.3 m，从配电箱底边到分析室③轴线插座，管长为1.5-0.3+3-2.25=1.95（m），4 mm^2导线单根线长为1.95+1.2（配电箱预留线）=3.15（m），导线总长4×3.15=12.6（m）。从③轴线插座到②轴线插座，管长为4+2×0.3+2×0.1（埋深）=4.8（m），导线总长为4×4.8=19.2（m）。其②~③轴线间插座安装剖面示意图参见图2.20所示。从②轴线插座CZ2到化学实验室ⓑ轴插座CZ2，管长为2.25+1.5+2×0.3+2×0.1（埋深）=4.55（m）。线长4×4.55=18.2（m）。防爆插座安装时要求管口及管周围要密封，防止易燃易爆气体通过管道流通，具体做法请查阅《建筑安装工程施工图集3 电气工程》。其他插座工程量可自行分析。

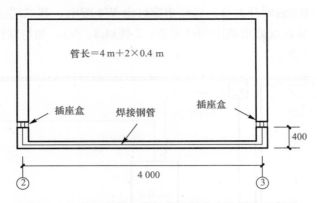

图 2.20 分析室②~③轴线间插座安装剖面示意图

3. W2 回路分析

(1)配电箱到接线盒。W2 是向一层西部照明配电，由于化学实验室和危险品仓库安装的是隔爆灯，而隔爆灯的金属外壳需要接 PE 线，所以 W2 回路为 3 线(L1、N、PE)，由于西部走廊灯的开关安装在③轴楼梯侧，因此在开关上方的顶棚内要装接线盒进行分支，W4 是向③轴东部及二层走廊灯配电，W3 是向④轴东部室内配电，3 个回路 7 根 2.5 mm² 线可以从配电箱用两根 PC15 和一根 SC15 管配到开关上方接线盒进行 4 个分支。管长为 4－2.15+1.5(平行距离)＝3.35(m)(2.15 m 为箱顶安装高度，1.5+箱自身高度 0.65)，单根线长 3.35+1.2(配电箱预留线，0.55 宽+0.65 高)＝4.55(m)，导线总长 7×4.55＝31.85(m)。注意：3 根管 7 根线为 W2、W3 和 W4 回路一起算的。

(2)分支 1 到开关。沿墙垂直配管到③轴线和⑧轴线与ⓒ轴线交汇处的开关，2 线(L1、K)，管长 4－1.3＝2.7(m)。线长 2×2.7＝5.4(m)。其③轴线和⑧轴线与ⓒ轴线的立剖面电器位置与配管示意图如图 2.21 所示，图中也画出了电源进线管和 W1 回路③轴插座的配管示意。后续内容如无预留线，将只说明配管的长度和导线的根数，线长为导线根数×管长，可以自行计算。

(3)分支 2 到③轴西部走廊灯。从开关上方接线盒沿楼板平行配管到②轴至③轴间走廊灯位盒，4 根线(L1、N、PE、K)，管长约等于 2.2 m，此处的管长可以用比例尺测量后换算，因为建筑图是按一定比例绘制的，也可以用勾股定律进行计算。

在西部走廊灯位盒处又有 3 个分支。1 分支到化学实验室隔爆灯处，3 线(L1、N、PE)，管长 0.75+1.5＝2.25(m)。再从化学实验室隔爆灯处沿楼板内配到其开关处，2 线(L1、K)，1.5+4－1.3＝4.2(m)。其化学实验室灯与走廊灯配管安装立剖面示意如图 2.22 所示。

2 分支到分析室荧光灯处，2 线(L1、N)，管长为 0.75+2.25＝3(m)，再从荧光灯处配向其双联开关，3 线(L1、2K)，管长约等于 2.3(平行)+2.7(垂直)＝5(m)。

3 分支沿走廊到①轴至②轴间的走廊灯处，4 根线(L1、N、PE、K)，管长为 4 m，该灯位盒处又有 3 个分支，可自行分析。

(4)分支 3 到③轴至④轴间走廊灯。从接线盒沿顶棚平行配管到③轴至④轴间走廊灯位盒,4 线(L2、N、L3、N),管长 2.1 m。

(5)分支 4 到二层③轴侧开关盒。二层走廊灯由 W4 配电,其二层③轴西部走廊灯的开关在③轴 1.3 m 处,从接线盒沿墙配到开关盒,2 线(L3、N),如与双控开关联络线汇合为 4 线。管长 5.3-4=1.3(m)。

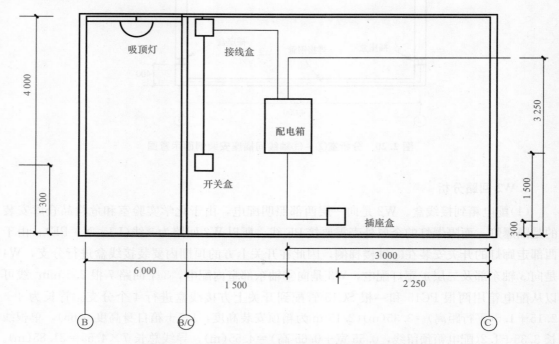

图 2.21 ③轴线⑧与ⓒ轴立剖面电器位置与配管示意

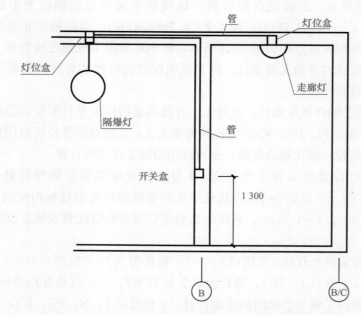

图 2.22 化学实验室灯与走廊灯配管安装立剖面

4. W3 回路和 W4 回路

在③轴至④轴间走廊灯处有 3 个分支。因为 W3、W4 同向，所以一起分析。

(1) 分支 1。④轴至⑤轴间走廊灯，为 W3、W4 各穿一根管，4 线(L2、N、L3、N)，管长 4 m。在④轴至⑤轴间走廊灯处又有 3 个分支。

1 分支到浴室开关上方接线盒，4 线(L3、K、L2、N)管长 0.75 m。垂直到开关，4 线(L2、K、L3、K)，管长 4−0.3−1.3＝2.4(m)。再穿墙到走廊灯开关，管长 0.2 m，2 线。平行到浴室灯，2 线(N、K)，管长约 1.5 m。平行到男卫生间灯，2 线(N、K)，管长约 1.5 m。男卫生间灯再到开关，可以少装一个接线盒。注意：当建筑物房间有吊顶时，在吊顶内电气配管主要有两种固定方式：一是房间内无过梁时，电气配管直接固定在楼板上；二是房间内有过梁时，电气配管要躲过梁高，如果固定在楼板上，就会出现遇到梁而使电气配管经常弯曲的情况。因此，有过梁时配管一般固定在支撑架上(吊架)或过梁上。

办公科研楼工程是按有过梁考虑，所以配管高度为层高 4−0.3(吊顶高)＝3.7(m)，由于吊顶内固定方式不同，配管高度是变化的，配管高度的变化只对垂直配管的管长有影响，不影响平行配管，如图 2.22 所示。当改变吊顶内固定方式时，只改变垂直配管的管长就可以了。本工程的垂直配管(到开关处的配管)都按有过梁考虑，过梁高按 0.3 m 考虑。因 W2 回路是在楼板中敷设，所以不受过梁高的影响，有无吊顶也不影响垂直配管的管长。

2 分支到物理实验室开关上方接线盒，2 线(L2、N)，管长 0.75 m。垂直到开关，3 线(L2、2K)，管长 2.4 m。平行到荧光灯，3 线(N、2K)，管长 1.5 m。到风扇 3 线(N、2K)，管长 1.5 m。再到荧光灯，2 线(N、K)，管长 1.5 m。

3 分支到⑤轴至⑥轴间走廊灯，5 线(L2、N、L3、N、K)，管长 4 m。又分有 3 个分支，到女更衣室，到物理实验室，到门厅(雨篷)灯等，可自行分析。

(2) 分支 2。从③轴至④轴间走廊灯处到花灯，2 线(L2、N)，管长 3＋0.75＝3.75(m)，花灯到Ⓐ轴开关上方接线盒，4 线(L3、N、2K)，管长 3 m，接线盒到开关，5 线(L3、4K)，管长 4−0.3−1.3＝2.4(m)，从接线盒到壁灯，3 线(N、2K)，管长 3.7−2.5＝1.2(m)，壁灯到门厅(雨篷)灯，3 线(N、2K)，管长约 3 m，再到③轴壁灯，2 线(N、K)，管长约 3 m。

(3) 分支 3。从③轴至④轴间的走廊灯处到④轴与Ⓑⓒ轴交汇处开关上方接线盒，2 线(L3、K)，管长约 2.2 m。注意：该处有两个开关，一个为控制走廊灯的单控单联开关，一个为控制走廊楼梯灯的双控单联开关，双控开关就是可以在两个地方控制一盏灯，另一个安装在二层③轴与Ⓑⓒ轴交汇处。每一个双控开关有 3 个与动触点连通(称为共用桩)。共用桩接 L 或 K 线，另两个接线桩为两个开关之间的连接线，我们称之为联络线，用 SK 表示。两个双控开关控制一盏灯的接线示意图如图 2.23 所示。

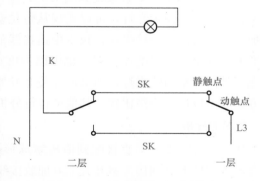

图 2.23　两个双控开关接线示意图

两个双控开关控制一盏灯在住宅中应用是非常普遍的，在卧室中常常是在进门处安装一个，在床头安装一个。现代的楼梯灯已经普遍应用声光控开关控制，声光控开关为电子器件，外部接线比较简单。

（4）两个双控开关控制楼梯灯的配线分析。两个双控开关之间的连线为2线（2SK），配管从④轴与⑧⑥轴交汇处开关上方接线盒沿一层楼板配到③轴与⑧⑥轴交汇处的接线盒处，管长4 m，单线长4 m。该处的接线盒W4回路干线（L3、N）也在此配向二层开关处，此4线（L3、N、2SK）可以共管，配到二层1.3 m（地坪5.3 m）高，管长1.3 m，单线长1.3 m。该高度有两个单控开关和一个双控开关，其中的L3要与两个单控开关连接，还要配到二层走廊④轴至⑤轴间的走廊灯开关处，N线是经过开关配向二层顶棚的（注意：N线在开关盒中不能有接头和绝缘损坏的情况），两根SK线与双控开关连接，引出一根开关线，加上两个单控开关的开关线共5根线共管（L3、N、3K）配向二层顶棚接线盒处，管长4−0.3（吊顶高）−1.3＝2.4（m），单线长2.4 m。

注意：二层③轴与⑧⑥轴交汇处的开关垂直配管中的上方和下方导线的根数是不同的，开关下方配管中为4根线（L3、N、2SK），开关上方配管中为5根线（L3、N、3K）。而垂直配管中的导线是不标注的，这就需要知道每根导线的用途（功能线），通过分析就可以知道每段配管中的导线根数，这是电气配线分析中最难懂的部分。

（5）W4在二层回路分析。在二层开关上方顶棚内安装接线盒，该接线盒内有3个分支，分支1到③轴西部走廊灯，2线（N、K）；分支2到③轴东部走廊灯，3线（L3、N、K）；分支3是到两个双控开关控制的二层楼梯平台走廊灯处，2线（N、K）。管长和线长可自行分析。

5. W5分析

W5回路是向二层所有的单相插座配电的，插座安装高度为0.3 m，沿一层楼板配管配线。从配电箱到图书资料室③轴插座盒，3线（L3、N、PE），管长4＋0.3−2.15＋2.25−1.5＝2.9（m），单根线长2.9＋1.2＝4.1（m）。从图书资料室③轴插座盒到2研究室的③轴插座盒，3线（L3、N、PE），管长2.25＋1.5＋3＋2×0.3＋2×0.1＝7.55（m）。线长3×7.55＝22.65（m）。其他可自行分析。

6. W6分析

W6、W7是沿二层顶棚配管配线。从配电箱沿墙直接配到顶棚，安装一个接线盒进行分支，4线（L1、N、L2、N），管长7.7−2.15＝5.55（m），单根线长5.55＋1.2＝6.75（m）。

W6，2线（L2、N）直接配到图书资料室接近⑧⑥轴的荧光灯（灯位盒），再从灯位盒配向开关、风扇及其他荧光灯，可以实现从灯位盒到灯位盒，再从灯位盒到开关，虽然管、线增加了，但可以减少接线盒，减少中途接线的机会。由于该图比例太小，工程量计算不一定准确，如果管、线增加得多，也可以考虑加装接线盒。例如，从图书资料室接近⑧⑥轴的荧光灯到研究室的荧光灯，如果在开关上方加装接线盒，可以减少2 m管和2 m线。在选择方案时可以进行经济比较。其他可自行分析。

7. W7分析

W7，2线（L2、N）直接配到值班室球形灯，再从球形灯到开关及女卫生间球形灯等。从女卫生间球形灯到接待室开关上方加装接线盒，2线（L2、N），管长约3 m。由于该房间的灯具比较多，配线方案可以有几种，现举例其中一种，并不一定合理，读者可以选择其他方案进行比较，确定比较经济的方案。

分支1，从接线盒到开关（7个开关），8线（L2、7K），管长2.4 m。分支2，从接线盒到接近⑧轴的荧光灯，壁灯和花灯线共管，8线（N、7K），管长1.5 m。在该荧光灯处又进行分支，1分支到壁灯，3线（N、2K），管长 $2+3.7-3=2.7$（m）。壁灯到壁灯，2线（N、K），管长 3 m。2分支到荧光灯，3线（N、2K），管长 3 m。3分支到花灯，4线（N、3K），管长约 3 m。

分支2，从接线盒到⑤轴至⑥轴间开关上方接线盒，2线（L2、N），管长约 5 m。垂直沿墙到开关盒，5线（L2、4K），管长 2.4 m。接线盒再到荧光灯，5线（N、4K），管长 1.5 m。荧光灯到荧光灯，3线（N、2K），管长 3 m。荧光灯到壁灯，3线（N、7K），管长 $2+3.7-3=2.7$（m）。壁灯到壁灯，2线（N、K），管长 3 m。

到此，照明平面图分析基本完毕，本例讲解的是常见的配线方案，读者也可选择比较经济的配线方案，最后可以用列表的方式将工程量统计起来。需要说明的是，本例的线路分析所涉及的工程量计算是从施工角度进行统计，而工程造价的工程量计算是按惯例进行。

2.3 任务实施

2.3.1 任务一：某办公科研楼照明工程

工程量计算见表 2.13。

表 2.13 某办公科研楼照明工程量计算表

序号	工程项目	单位	计算式	数量	备注
1	焊接钢管 SC50	m	$3+$立$(3.25-2.15)+0.15$（出户预留）	4.25	
2	焊接钢管 SC20	m	W1：$1.5-0.3+3-4.5/2+4+2×0.4+4.5/2+1.5+6+2×0.4+4×3+6+2×0.4$	36.1（$4×4$ mm²）	1. 为了便于理解教材算量思路，本答案把"按平面布局算量""先水平后垂直"及"按回路算量"三种算量思路结合； 2. 吊顶高度中的管线在"装修电气"时考虑，安装工程全部按吸顶敷设
3	焊接钢管 SC15	m	W2：$(4-2.15+1.5)+$平$2.2+4=6.2(4)+(0.75+4.5)×2$（化学实验室）$+4.5/2$（分析室）$+(4.5/2+0.75)$（危险品仓库）$+$立$(4-1.3)$（分析室开关立管）$=18.45(3)+$平$1.5+1.5×2$（化学实验室开关水平管）$+2.6+1.5$（走廊）$+4.5/2$（危险品仓库）$+$立$(4-1.3)×5=22.1(2)$	52.35（2.5 mm²）	
4	FPC20半硬质塑料管	m	W5：一层$4-2.15+$二层平$4×9+4.5/2+(1.5+6/3)×2+3+$立$0.4×(7×2+5)$	59.7（$3×4$ mm²）	
5	PC15	m	一层：平$4(5)+2.2+3+1.5+4+0.75=11.45(4)+1.5+(3+0.3)×2=8.1(3)+$楼梯$4+2.2+3+1.5×2+0.75×4+2.6+1.5×5+1+2.7×2$风扇$1.5×2=31.7(2)+$立③轴与⑧⑨开关$4-2.15+1.5+4-1.3=6.05(4)$④轴开关⑧⑨$(4-1.3)=2.7(4)+$⑧轴④轴交立$4-1.3=2.7(5)$⑨轴$(4-1.3)×2=5.4(3)+(4-1.3)×6=16.2(2)$ 一层向上：配线箱向上立管配至二层地面：W6、W7共管$(4×2-2.15)=5.85(4)+$W4 $4-2.15+1.3=3.15(3)+$三个开关立共管$4-1.3=2.7(5)$		

序号	工程项目	单位	计算式	数量	备注
5	PC15	m	二层：平(3+0.3)×2+1.5+(3+1.5)+1=13.6 (4)+图书资料室1.5×3+研究室1.5×2+走廊2.5+会议室1.5+办公室1.2+(4.5+2+1.5)×2+=28.7 (3)+楼梯4.5+2+1.5+4图书资料室1.5×3+4×2+2.5+值班室4+1.2+1.5×3+办公室2+1.2×2+1+接待室4+4+3×2+会议室1.5+4×2+走廊4×3+2.5+1.5+0.75=82.35(2)+立单极单控开关(4-1.3)×4=10.8(2)+双联开关加调速开关共管(4-1.3)×6=16.2(4)+接待室开关(4-1.3)=2.7(8)+(4-1.3)=2.7(5)	253.05 (2.5 mm²)	
6	接线盒	个		24	
7	入户线 BLV—16 mm²	m	[4.25+(0.55+0.65)]×4	21.8	
8	管内穿线 BV—4 mm²	m	(36.1+1.2)×4+(1.2+59.7)×3	331.9	
9	管内穿线 BV—2.5 mm²	m	2.7×8+(4+2.7+2.7+2.7)×5+(6.2+11.45+6.05+2.7+5.85+13.6+16.2)×4+(3.35+18.45+8.1+5.4+3.15+28.7)×3+(22.1+31.7+16.2+82.35+10.8)×2+(0.55+0.65)×5	864.05	
10	配电箱安装 (XRL—10 C改)	台		1	
11	防爆灯(G)	套		5	
12	半圆球吸顶灯(J)	套		20	
13	礼花灯(H)	套		2	
14	防水吊灯(F)	套		2	
15	壁灯(B)	套		6	
16	成套型单管荧光灯(吸顶)	套		1	
17	成套型双管荧光灯(吸顶)	套		2	

序号	工程项目	单位	计算式	数量	备注
18	成套型双管荧光灯（链吊）	套		12	
19	成套型三管荧光灯（吸顶）	套		4	
20	成套型三管荧光灯（吊链）	套		5	
21	防爆型（密闭）开关	个		3	
22	单联单控开关（暗装）	个		17	
23	双联单控开关（暗装）	个		14	
24	三联单控开关（暗装）	个		1	
25	单联双控开关（暗装）	个		2	
26	风扇调速开关（明装）	个		8	
27	普通三相暗插座	个		4	
28	防爆三相插座	个		2	
29	普通单相暗插座	个		14	
30	开关（插座）盒暗装	个		65	

2.3.2 任务二：某房间电气照明工程

（1）工程量计算见表 2.14。

（2）分部分项工程和单价措施项目清单与计价表见表 2.15。

（3）综合单价分析表见表 2.16～表 2.25。

表 2.14 某房间电气照明工程量计算表

序号	工程项目	单位	计算式	数量	备注
1	进户镀锌管 G20 暗敷	m	3－1.5－0.12	1.38	
2	户内 PVC15 管暗敷	m	水平(3.5/2＋3.5/2＋3.5＋3.5/2)＋立(1.5－0.3)＋(3.2－1.5－0.12)＋(3.2－1.5)×2	14.93	两开关立管不共管：考虑维修方便
3	管内穿 BV－6 线	m	[1.38＋(进户预留 2.5＋0.25＋0.12)]×2	8.5	仅架空入线时考虑 2.5 m 的预留，埋地敷设入户不考虑
4	管内穿 BV－1.5 线	m	[14.93＋(0.25＋0.12)×2]×2＋[3.5/2＋(3.2－1.5)×2](3 线/4 线)	36.49	不考虑灯头盒、开关盒的线预留
5	软线吊灯安装 60 W	套		1	
6	组装型双管链吊荧光灯 40 W	套		1	
7	单相暗双孔插座 1.5A(包括插座底盒)	个		1	
8	照明配电箱 XRM	台		1	
9	单极单控暗开关(包括开关底盒)	个		2	
10	接线盒安装(包括灯头盒)	个		3	两个开关上面一个接线盒

工程名称：某房间照明工程

表2.15　分部分项工程和单价措施项目清单与计价表

标段：

序号	项目编码	项目名称	项目特征描述	计量单位	工程量	金额/元			
						综合单价	合价	其中 人工费	其中 暂估价
1	030411001001	配管	1.钢管 2.镀锌钢管 3.DN20 4.暗敷 5.按规范接地	m	1.38	9.62	13.28	7.90	—
2	030411001002	配管	1.塑料电线管 2.PVC 3.DN15 4.暗敷 5.按规范接地	m	14.93	9.18	137.06	91.53	—
3	030411004001	配线	1.管内穿线 2.照明线路 3.BV—6 mm² 铜质导线 4.沿墙暗敷 5.三相五线制；单芯硬质	m	8.50	1.18	10.03	5.83	—
4	030411004002	配线	1.管内穿线 2.照明线路 3.BV—1.5 mm² 铜质导线 4.沿墙、板暗敷 5.三相五线制；单芯硬质	m	36.49	1.40	51.09	30.66	—

续表

序号	项目编码	项目名称	项目特征描述	计量单位	工程量	综合单价	金额/元 合价	金额/元 其中 人工费	金额/元 其中 暂估价
5	030412001001	普通灯具	1. 软线吊灯 2. 60 W 3. 安装高度为 2.5 m	套	1.00	22.10	22.10	10.29	—
6	030412005001	荧光灯	1. 组装型双管荧光灯 2. 40 W 3. 安装高度为 2.5 m 4. 链吊式	套	1.00	100.89	100.89	52.15	—
7	030404035001	插座	单相暗装双孔插座 1.5 A	个	1.00	14.60	14.60	9.59	—
8	030404017001	配电箱	照明配电箱 XRM, 暗敷	台	1.00	281.41	281.41	173.44	—
9	030404034001	照明开关	1. 单极单控暗开关 2. 塑料材质 3. 扳式 86 型 4. 暗敷	个	2.00	14.28	28.56	18.75	
10	030411006001	接线盒	1. 接线盒 2. 塑料材质 3. 86 型 4. 暗敷	个	3.00	7.04	21.12	11.66	—
			本页小计				680.14	411.80	
			合计				680.14	411.80	

表 2.16 综合单价分析表(1)

工程名称：×××住宅照明工程　　　　　　标段：　　　　　　　　　　第　页　共　页

项目编码	030411001001	项目名称		配管			计量单位	m	工程量		1.38

清单综合单价组成明细

定额编号	定额名称	定额单位	数量	单价				合价			
				人工费	材料费	机械费	管理费和利润	人工费	材料费	机械费	管理费和利润
C2-11-35	镀锌钢管砖、混凝土结构暗配公称直径(20 mm以内)	100 m	0.013 8	5.021×114=572.39	121.40	0.00	572.39×0.287 4＋572.39×0.18＝267.54 人工费变化了，相应的管理费和利润也要发生变化，详见定额 P869、871	7.90	1.68	0.00	3.69
人工单价					小计			7.90	1.68	0.00	3.69
114元/工日					未计价材料费						
	清单项目综合单价							(7.9＋1.68＋3.69)÷1.38＝9.62(元/m)			

材料费明细	主要材料名称、规格、型号		单位		数量		单价/元	合价/元	暂估单价/元	暂估合价/元
							—	—		
	其他材料费						—		—	
	材料费小计						—		—	

工程名称：×××住宅照明工程

表2.17 综合单价分析表（2）

标段：

第 页 共 页 14.93

项目编码	03041001002	项目名称	配管	计量单位	m	工程量		

清单综合单价组成明细

定额编号	定额名称	定额单位	数量	单价				合价			
				人工费	材料费	机械费	管理费和利润	人工费	材料费	机械费	管理费和利润
C2-11-132	刚性阻燃管砖、混凝土结构暗配 公称直径（15 mm以内）	100 m	0.149 3	5.378×114=613.09	18.92	0.00	613.09×0.287 4＋613.09×0.18＝286.56	91.53	2.82	0.00	42.78
人工单价				小计				91.53	2.82	0.00	42.78
114元/工日				未计价材料费						9.18	
				清单项目综合单价							
材料费明细	主要材料名称、规格、型号					单位	数量	单价/元	合价/元	暂估单价/元	暂估合价/元
	其他材料费							—		—	
	材料费小计							—		—	

工程名称：×××住宅照明工程

表 2.18 综合单价分析表（3）

标段：

项目编码	030411004001	项目名称		计量单位	m	工程量	8.5

清单综合单价组成明细

定额编号	定额名称	定额单位	数量	单价				合价			
				人工费	材料费	机械费	管理费和利润	人工费	材料费	机械费	管理费和利润
C2-11-231	管内穿线 动力线路（铜芯）导线 截面（6 mm² 以内）	100 m 单线	0.085	68.63	17.73	0.00	32.08	5.83	1.51	0.00	2.73
人工单价				小计				5.83	1.51	0.00	2.73
114 元/工日				未计价材料费							
			清单项目综合单价					1.18			

材料费明细	主要材料名称、规格、型号	单位	数量	单价/元	合价/元	暂估单价/元	暂估合价/元
	其他材料费			—		—	
	材料费小计			—		—	

工程名称：×××住宅照明工程

表2.19 综合单价分析表(4)

标段：

项目编码	030411004002		项目名称	配线				计量单位	m		工程量	36.49

清单综合单价组成明细

定额编号	定额名称	定额单位	数量	单价				合价			
				人工费	材料费	机械费	管理费和利润	人工费	材料费	机械费	管理费和利润
C2-11-202	管内穿线照明线路(铜芯)导线截面(1.5 mm²以内)	100 m 单线	0.364 9	84.02	16.33	0.00	39.27	30.66	5.96	0.00	14.33
人工单价			小计					30.66	5.96	0.00	14.33
114元/工日			未计价材料费							1.40	
			清单项目综合单价								

材料费明细	主要材料名称、规格、型号	单位	数量	单价/元	合价/元	暂估单价/元	暂估合价/元
	其他材料费			—		—	
	材料费小计			—		—	

56

表 2.20 综合单价分析表(5)

工程名称：××××住宅照明工程　　　　标段：　　　　第　页　共　页　1

项目编码	030412001001	项目名称		普通灯具		计量单位		套		工程量	

清单综合单价组成明细

定额编号	定额名称	定额单位	数量	单价				合价			
				人工费	材料费	机械费	管理费和利润	人工费	材料费	机械费	管理费和利润
C2-12-8	其他普通灯具 软线吊灯	10套	0.1	102.93	70.04	0.00	48.11	10.29	7.00	0.00	4.81
人工单价			小计					10.29	7.00	0.00	4.81
146元/工日			未计价材料费								
	清单项目综合单价							22.10			
材料费明细	主要材料名称、规格、型号				单位	数量		单价/元	合价/元	暂估单价/元	暂估合价/元
					—	—					
	其他材料费										
	材料费小计										

表2.21 综合单价分析表（6）

工程名称：×××住宅照明工程　　标段：

项目编码	030412005001	项目名称	荧光灯	计量单位	套	工程量	

清单综合单价组成明细

定额编号	定额名称	定额单位	数量	单价				合价			
				人工费	材料费	机械费	管理费和利润	人工费	材料费	机械费	管理费和利润
C2-12-200	组装型荧光灯具安装吊链式双管	10套	0.1	423.24	235.02	0.00	197.83	42.32	23.50	0.00	19.78
C2-12-202	荧光灯电容器安装	10套	0.1	98.26	8.56	0.00	45.93	9.83	0.86	0.00	4.59
人工单价		小计						52.15	24.36	0.00	24.38
146元/工日		未计价材料费									
清单项目综合单价								100.89			

材料费明细	主要材料名称、规格、型号	单位	数量	单价/元	合价/元	暂估单价/元	暂估合价/元
		—					
		—					
	其他材料费						
	材料费小计						

工程名称：×××住宅照明工程

表 2.22 综合单价分析表(7)

标段：

| 项目编码 | 030404035001 | | 项目名称 | | 插座 | | 计量单位 | 个 | 工程量 | | 1 |

清单综合单价组成明细

定额编号	定额名称	定额单位	数量	单价				合价			
				人工费	材料费	机械费	管理费和利润	人工费	材料费	机械费	管理费和利润
C2-12-395	单相暗插座单相插座(15A以下)	10套	0.1	95.92	5.33	0.00	44.83	9.59	0.53	0.00	4.48
人工单价	小计							9.59	0.53	0.00	4.48
146元/工日	未计价材料费										
	清单项目综合单价							14.60			

材料费明细	主要材料名称、规格、型号	单位	数量	单价/元	合价/元	暂估单价/元	暂估合价/元
	其他材料费	—	—				
	材料费小计	—	—				

工程名称：×××住宅照明工程

表 2.23　综合单价分析表（8）

标段：

第　页　共　页　1

项目编码	03040401 7001	项目名称		配电箱		计量单位	台	工程量	
				清单综合单价组成明细					
定额编号	定额名称	定额单位	数量	单价				合价	
				人工费	材料费	机械费	管理费利润	人工费	材料费	机械费	管理费利润
C2-4-28	成套配电箱安装悬挂嵌入式（半周长0.5 m以内）	台	1	173.44	26.91	0.00	81.06	173.44	26.91	0.00	81.06
人工单价			小计					173.44	26.91	0.00	81.06
146元/工日			未计价材料费							
			清单项目综合单价						281.41	
材料费明细	主要材料名称、规格、型号				单位		数量	单价/元	合价/元	暂估单价/元	暂估合价/元
					—		—			
	其他材料费									
	材料费小计									

工程名称：×××住宅照明工程　　　　标段：　　　　　　　　　　　　　　　　　　　　　　　　　　第 页 共 页

表 2.24 综合单价分析表（9）

项目编码	030404034001	项目名称	照明开关	计量单位	个	工程量		第 页 共 2

清单综合单价组成明细

定额编号	定额名称	定额单位	数量	单价				合价			
				人工费	材料费	机械费	管理费和利润	人工费	材料费	机械费	管理费和利润
C2-12-374	开关及按钮板式暗开关（单联）单控	10套	0.2	93.73	5.32	0.00	43.80	18.75	1.06	0.00	8.76
人工单价		小计						18.75	1.06	0.00	8.76
146元/工日		未计价材料费						14.28			
清单项目综合单价											

材料费明细	主要材料名称、规格、型号	单位	数量	单价/元	合价/元	暂估单价/元	暂估合价/元
		—	—				
	其他材料费						
	材料费小计						

61

表 2.25　综合单价分析表 (10)

工程名称：×××住宅照明工程　　　　标段：

项目编码	030411006001	项目名称		接线盒			计量单位	个	工程量	3
					清单综合单价组成明细					
定额编号	定额名称	定额单位	数量	单价				合价		
				人工费	材料费	机械费	管理费和利润	人工费	材料费	机械费	管理费和利润
C2-12-374	接线盒暗装	10个	0.3	38.87	13.40	0.00	18.16	11.66	4.02	0.00	5.45
人工单价			小计					11.66	4.02	0.00	5.45
114元/工日			未计价材料费							
			清单项目综合单价					7.04		
材料费明细			主要材料名称、规格、型号		单位	数量	单价/元	合价/元	暂估单价/元	暂估合价/元
					—	—			
			其他材料费			—				
			材料费小计			—				

(4)单位工程招标控制价计算汇总表见表2.26。

表 2.26 某房间照明工程单位工程招标控制价计算汇总表

序号	汇总内容	金额/元	暂估价/元	安全文明施工费/元	规费/元
			其中		
1	分部分项工程	680.14			
1.1	略				
1.2	略				
……	略				
2	措施项目	117.65			
2.1	安全文明施工费等	$411.8 \times 26.57\% = 117.65$		117.65	
2.2	脚手架工程等				
3	其他项目	$102.02 + 100 + 100 = 302.02$			
3.1	暂列金额	$680.14 \times 15\% = 102.02$			
3.2	专业工程暂估价	100			
3.3	计日工	126 元/工日			
3.4	总包服务费	100			
4	规费	$(680.14 + 117.65 + 302.02) \times 5.95\% = 65.44$			
5	税金	$(1+2+3+4) \times 3.41\% = 39.74$			
6	招标控制价合计	$1+2+3+4+5 = 1\ 204.99$			

习　题

一、单项选择题

1. 穿焊接钢管敷设的文字标注为(　　)。
   A. TC   B. SCP
   C. PC   D. RC

2. 在导线敷设部位的文字标注中,暗敷设在墙内标注为(　　)。
   A. WS   B. WC
   C. BC   D. TC

参考答案

3. 当线路暗配时,弯曲半径不应小于管外径的6倍,当管子敷设于地下或混凝土楼板内时,其弯曲半径不应小于管外径的(　　)倍。
   A. 8   B. 10   C. 12   D. 14

4. 同类照明的多个分支回路可以同管敷设,但管内的导线总数不应超过(　　)根。

    A. 6 　　　　　　B. 8 　　　　　　C. 10 　　　　　　D. 12

5. 管内配线时,管内导线包括绝缘层在内的总截面面积应不大于管内截面面积的(　　)%。

    A. 20 　　　　　　B. 30 　　　　　　C. 40 　　　　　　D. 50

6. 在实际建筑工程中,按绝缘方式一般应优先选用的电缆为(　　)。

    A. 橡皮绝缘电缆 　　　　　　　　　　B. 聚氯乙烯绝缘电缆

    C. 油浸纸绝缘电缆 　　　　　　　　　D. 交联聚乙烯绝缘电缆

7. 导线进入开关箱的预留量是(　　)。

    A. 高+宽 　　　　　　B. 0.3 m 　　　　　　C. 1 m 　　　　　　D. 1.5 m

二、多项选择题

1. 电气照明工程安装施工时,配管配置形式包括(　　)。

    A. 埋地敷设 　　　　B. 水下敷设 　　　　C. 线槽敷设 　　　　D. 砌筑沟内敷设

2. 依据《通用安装工程工程量计算规范》(GB 50856—2013),电气照明工程中按设计图示数量以"套"为计量单位的有(　　)。

    A. 荧光灯 　　　　B. 接线箱 　　　　C. 桥架 　　　　D. 高度标志(障碍)灯

3. 电缆穿导管敷设时,下列正确的施工方法有(　　)。

    A. 每一根管内只允许穿一根电缆 　　　　B. 管道的内径是电缆外径的1.2～1.4倍

    C. 单芯电缆不允许穿入钢管内 　　　　　D. 应有3%的排水坡度

三、简答题

1. 任务一办公科研楼一层照明工程图中的分析室内,开关的垂直配管内需要穿几根线?各用于什么?

2. 任务一办公科研楼一层照明工程图中④轴与⑧⑥轴交汇处,开关的垂直配管内需要穿几根线?各用于什么?

3. 任务一办公科研楼一层照明工程图中的走廊,从④轴至⑤轴间的走廊灯到⑤轴至⑥轴间的走廊灯处为什么要标注5根线?

4. 电气配管中的接线盒(分线盒)怎么计算工程量?

5. 照明灯具工程量都用"套"作为计量单位吗?并举例说明。

工作情境三
建筑防雷接地工程施工工艺、识图与预算

🔿 能力导航

学习目标	资料准备
通过本工作情境的学习，应该了解建筑物防雷等级划分、建筑物防雷措施；熟悉防雷装置的组成、接闪器的安装、引下线的安装、接地装置的安装；掌握建筑物防雷接地工程图的分析方法；掌握防雷接地工程的工程量计算规则及造价文件的编制方法。	本部分内容以《通用安装工程工程量计算规范》(GB 50856—2013)、《广东省安装工程综合定额(2010版)》第二册为计算依据，建议准备好这些工具书及最新的工程造价价目信息。

3.1　布置工作任务

3.1.1　任务一

　　某综合楼是一栋五层的平顶建筑，图3.1所示为住宅建筑防雷平面图、立面图，图3.2所示为住宅建筑接地平面图。施工说明如下：

施工及计价说明

(1)避雷带、引下线均采用25×4的扁钢，镀锌或做防腐处理。

(2)引下线在地面上1.7 m至地面下0.3 m一段，用50 mm硬塑料管保护。

(3)本工程采用25×4扁钢做水平接地体，绕建筑物一周埋设，其接地电阻不大于10 Ω。施工后达不到要求时，可增设接地极。

(4)施工采用国家标准图集D562、D563，并应与土建密切配合。

任务要求：

(1)熟悉图纸。

(2)查阅《广东省安装工程综合定额(2010版)》《通用安装工程工程量计算规范》(GB 50856—2013)以及《建设工程工程量清单计价规范》(GB 50500—2013)中相关工程量计算规则及计价规范。

(3)参照编制"某办公科研楼照明工程"工程量清单计算表(含计算式),相关表格格式见表 2.1。

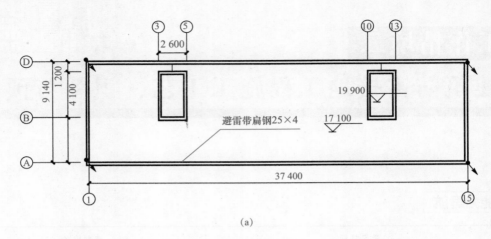

(a)

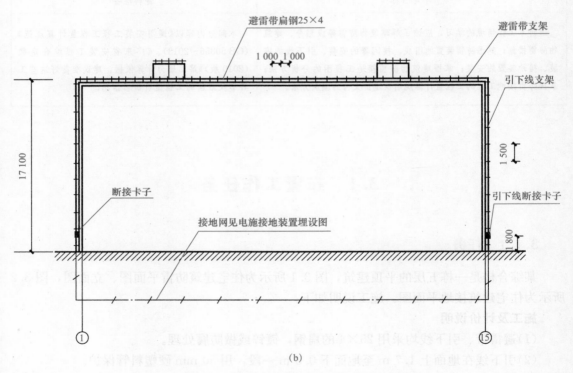

(b)

图 3.1　住宅建筑防雷平面图、立面图

(a)平面图；(b)立面图

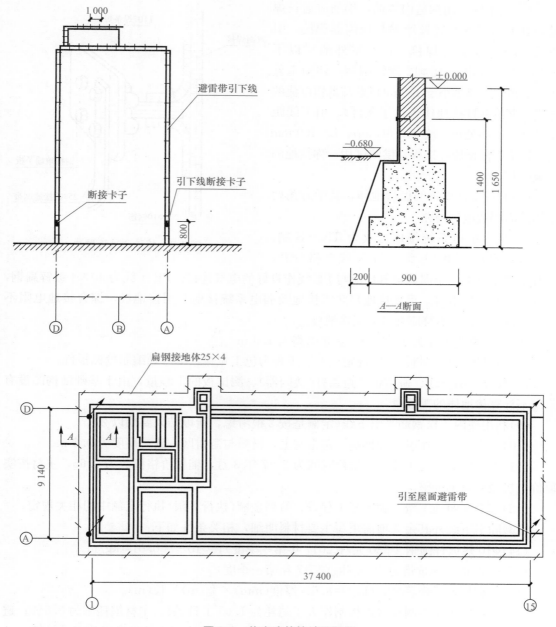

图 3.2　住宅建筑接地平面图

3.1.2　任务二

某综合楼是一栋七层的平顶建筑，防雷系统采用结构构件中的钢筋焊接而成。图 3.3、图 3.4 所示为该楼的防雷施工图。

施工说明

(1)按《建筑物防雷设计规范》(GB 50057—2010)规定，本建筑属三类防雷建筑物。

(2)避雷带为 φ10 镀锌圆钢，沿女儿墙、凸出屋面的楼梯间屋顶四周敷设。

(3)引下线利用构造内主筋,钢筋应通长焊接,其上端用 φ10 镀锌圆钢与接闪器焊接,引下线应与接地装置焊接,且在室外地平以下 0.8 m 深处焊出一根 φ12 镀锌圆钢,伸向室外距外墙边的距离不小于 1.0 m(既起疏散雷电流的作用,又给补打接地体创造了条件)。引下线距室外 0.5 m 高处用一块 60×6(mm)、L=100 mm 的镀锌扁钢做预埋连接板,供测试用,称接地测试板(图 3.3)。

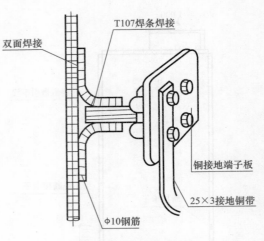

图 3.3　接地测试板做法

(4)利用基础内钢筋做接地体,其中对角两根钢筋需焊成电气通路。

(5)低压配电系统接地形式为 TN-S 制,由变电所引出专用 PE 线,与 N 线严格分开,所有正常不带电的金属构架等均应与 PE 线作良好的电气连接。PE 干线为 40×4 镀锌扁钢,沿电缆沟和桥架敷设。重复接地与防雷接地及弱电系统接地共用接地极,综合接地电阻不大于 1 Ω,当实测不符应补打人工接地极。

(6)本建筑基础深为 -7.4 m,女儿墙高为 1.5 m。

(7)项目地点在广州,合同规定该安装工程为包工包料,本习题编制投标报价。

(8)仅计算引下线、避雷带、避雷针(接闪器)、测试板的工程量,由于基础结构图没有给出不计算接地体的工程量。

(9)利用柱内 4 根钢筋当引下线(定额是按 2 根考虑,所以结果要乘以 2)。

(10)避雷针布置在引下线顶端,避雷网上,材质与避雷网一致,高度为 0.6 m。

(11)人工费取值为 132 元,报价时间为 2017 年 3 月,辅材价格指数为 3.66,主材按实取价,机械费暂不调整。

(12)安全文明施工费、脚手架工程费、暂列金额(执行下限)执行定额中的相关规定。

(13)除引下线外其余 3 项需填写主要材料明细,相关条件如下:

(14)φ10 热镀锌圆钢 4 330 元/t(2017 年第一季度),φ10——0.617 kg/m。

(15)H62 黄铜板价格为 49 元/kg(2017 年第一季度)。

(16)黄铜板质量换算公式(kg)=8.5×厚度(mm)×宽(m)×长(m)。

(17)该施工单位经测算接地板制作人工消耗为 1.65 工日/块,主材损耗率为 3.5%;避雷针制安损耗率为 3%;其余主材消耗量按定额或地方规范中规定的社会平均水平计算。

(18)按合同规定专业工程暂估价、总包服务费均按 1 000 元、计日工单价 135 元/工日计取。

(19)规费费率为 4.65%,税金税率为 3.41%。

任务要求:

(1)熟悉图纸。

(2)查阅《广东省安装工程综合定额(2010 版)》《通用安装工程工程量计算规范》(GB 50856—2013)以及《建设工程工程量清单计价规范》(GB 50500—2013)中相关工程量计算规则及计价规范。

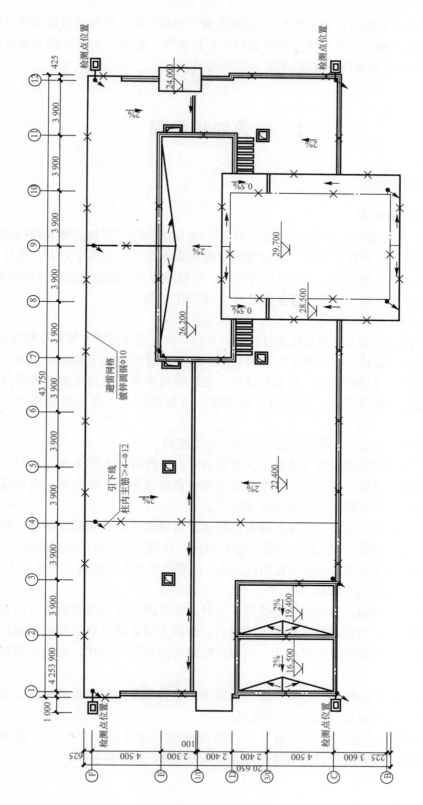

图 3.4　某综合楼屋顶防雷平面图

(3)编制"某综合楼防雷接地工程"工程量计算表、分部分项工程和单价措施项目清单与计价表、综合单价分析表以及单位工程投标报价汇总表等工程造价文件，相关表格格式请查阅《建设工程工程量清单计价规范》(GB 50500—2013)。

3.2　相关知识学习

3.2.1　基础知识

1. 雷电形成及其危害

(1)雷电的形成。雷电是由"雷云"(带电的云层)之间或"雷云"对地面建筑物(包括大地)之间产生急剧放电的一种自然现象。其放电的电流即雷电流，可达几十万安，电压可达几百万伏，温度可达2万摄氏度，在几微秒时间内，使周围的空气通道烧成白热而猛烈膨胀，并出现耀眼的光亮和巨响，这就是通常所说的"闪电"和"打雷"。

(2)雷电的危害。

1)直击雷。雷云与大地之间直接通过建(构)筑物、电气设备或树木等放电称为直击雷。

强大的雷电流通过被击物时产生大量的热量，而在短时间内又不易散发出来，所以凡雷电流流过的物体，金属被熔化，树木被烧焦，建筑物被炸裂。尤其是雷电流流过易燃易爆物体时，会引起火灾或爆炸，造成建筑物倒塌、设备毁坏及人身伤害等重大事故，如图3.5所示。

2)感应雷。感应雷击是由静电感应与电磁感应引起的。

静电感应：是当建筑物或电气设备上空有雷云时，这些物体上就会感应出与雷云等量而异性的束缚电荷。当雷云放电后，放电通道中的电荷迅速中和，而残留的电荷就会形成很高的对地电位，这就是静电感应引起的过电压。

电磁感应：是发生雷击后雷电流在周围空间迅速形成强大而变化的电磁场，处在这电磁场中的物体，就会感应出较大的电动势和感应电流，这就是电磁感应引起的过电压。

无论静电感应还是电磁感应所引起的过电压，都可能引起火花放电，造成火灾或爆炸，并危及人身安全，如图3.6所示。

3)雷电波侵入。当雷云出现在架空线路上方时，在线路上就会因静电感应而聚集大量异性等量的束缚电荷，当雷云向其他地方放电后，线路上的束缚电荷被释放便成为自由电荷向线路两端行进，形成很高的过电压，在高压线路可高达几十万伏，在低压线路也可达几万伏。

这个高电压沿着架空线路、金属管道引入室内，这种现象叫作雷电波侵入。雷电波侵入可由线路上遭受直击雷或发生感应雷所引起。

据调查统计供电系统中由于雷电波侵入而造成的雷害事故，在整个雷害事故中占50%～70%，因此，对雷电波侵入的防护应予足够的重视，如图3.7所示。

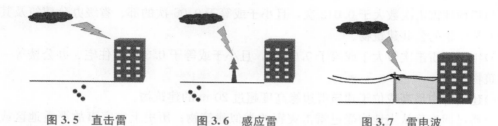

图 3.5　直击雷　　　　　图 3.6　感应雷　　　　　图 3.7　雷电波

2. 建筑防雷的措施

(1)建筑物易受雷击部位。建筑物的性质、结构以及建筑物所处位置等都对落雷有着很大影响。特别是建筑物屋顶坡度与雷击部位关系较大。建筑物易受雷击部位，如图 3.8 所示。

1)平顶或坡度小于 1/10 的屋顶——檐角、女儿墙、屋檐[图 3.8(a)、(b)]。

2)屋顶坡度大于 1/10 且小于 1/2——屋角、屋脊、屋檐、檐角[图 3.8(c)]。

3)屋顶坡度不小于 1/2——屋角、屋脊、檐角[图 3.8(d)]。

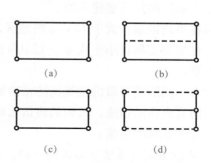

———— 易受雷击部位；　○ 雷击率最高部位；
- - - - - 不易受雷击的屋脊或屋檐

图 3.8　建筑物易受雷击的部位

了解了建筑物易受雷击的部位，设计时就可对这些部位进行重点保护了。

(2)建筑物防雷措施。按《民用建筑电气设计规范》(JGJ 16—2008)的规定，将建筑物防雷等级分为 3 类。

根据《建筑物防雷设计规范》(JGJ 16—2008)对建筑物的防雷分类规定，民用建筑中无第一类防雷建筑物，其分类应划分为第二类及第三类防雷建筑物。在雷电活动频繁或强雷区，可适当提高建筑物的防雷保护措施。

符合下列情况之一时，应划为第二类防雷建筑物：

1)高度超过 100 m 的建筑物。

2)国家级重点文物保护建筑物。

3)国家级的会堂、办公建筑物、档案馆、大型博展建筑物；特大型、大型铁路旅客站；国际性的航空港、通信枢纽；国宾馆、大型旅游建筑；国际港口客运站。

4)国家级计算中心、国家级通信枢纽等对国民经济有重要意义且装有大量电子设备的建筑物。

5)年预计雷击次数大于 0.06 次的部、省级办公建筑及其他重要或人员密集的公共建筑物。

6)年预计雷击次数大于 0.3 次的住宅、办公楼等一般民用建筑物。

注：建筑物年预计雷击次数计算见《建筑物防雷设计规范》(JGJ 16—2008)附录 B.2。

符合下列情况之一时，应划为第三类防雷建筑：

1)省级重点文物保护建筑物及省级档案馆。

2)省级及以上大型计算中心和装有重要电子设备的建筑物。

3)19 层及以上的住宅建筑和高度超过 50 m 的其他民用建筑物。

4)年预计雷击次数大于 0.012 次，且小于或等于 0.06 次的部、省级办公建筑及其他重要或人员密集的公共建筑物。

5)年预计雷击次数大于或等于 0.06 次，且小于或等于 0.3 次的住宅、办公楼等一般民用建筑物。

6)建筑群中最高或位于建筑群边缘高度超过 20 m 的建筑物。

7)通过调查确认当地遭受过雷击灾害的类似建筑物；历史上雷害事故严重地区或雷害事故较多地区的较重要建筑物。

8)在平均雷暴日大于 15 d/a 的地区，高度在 15 m 及以上的烟囱、水塔等孤立的高耸构筑物；在平均雷暴日小于或等于 15 d/a 的地区，高度在 20 m 及以上的烟囱、水塔孤立的高耸构筑物。

针对不同防雷等级的建筑物防雷措施要求不一样：

1)防直击雷的措施：人为的将雷云对避雷装置迅速放电。

①类建筑物的措施：

a. 装设避雷针或架空避雷网(线)。避雷网格 5 m×5 m 或 6 m×4 m。

b. 引下线不少于 2 根，间距不大于 12 m。接地电阻小于 10 Ω。

c. 建筑物高于 30 m 时，从 30 m 起每隔 6 m 设均压环，外墙上的栏杆、门窗接地。

②二类建筑物的措施：

a. 装设避雷网(带)或避雷针或其混合接闪器。网格 10 m×10 m 或 12 m×8 m。

b. 引下线不少于 2 根，间距不大于 18 m。接地电阻小于 10 Ω。

c. 建筑物高于 45 m 时，从 45 m 起每隔 6 m 设均压环，外墙上的栏杆、门窗接地。

③三类建筑物的措施：

a. 装设避雷网(带)或避雷针或其混合接闪器。网格 20 m×20 m 或 24 m×16 m。

b. 引下线不少于 2 根，周长不大于 25 m 且高度不超过 40 m 可只设一根。引下线间距不大于 25 m。接地电阻小于 30 Ω，特殊的不大于 10 Ω。

c. 建筑物高于 60 m 时，从 45 m 起每隔 6 m 设均压环，外墙上的栏杆、门窗接地。

另外，当建筑物高度超过 30 m，应采取防侧击雷措施。30 m 以下，从首层起，每隔 3 层沿建筑物四周利用圈梁钢筋敷设一圈水平均压环。30 m 以上，每隔 3 层沿建筑物四周敷设一圈水平避雷带，并与其交汇的接地引下线连接。同时，该高度以上的金属栏杆、金属门窗也要与接地装置连接。3 层内上下两层的金属门、窗与均压环连接。目前，为了门窗连接方便，应用较多的是每隔 2 层沿建筑物四周敷设一圈水平避雷带。

2)防雷电感应的措施。防止建筑物内金属物上雷电感应的方法是将金属设备、管道等金属物，通过接地装置与大地作可靠连接，以便将雷电感应电荷迅即引入大地，避免雷害。

3)防雷电波侵入的措施。防止雷电波沿供电线路侵入建筑物，行之有效的方法是安装避雷器将雷电波引入大地，以免危及电气设备。但对于有易燃易爆危险的建筑物，当避雷器放电时线路上仍有较高的残压要进入建筑物，还是不安全。对这种建筑物可采用地下电缆供电方式，这就从根本上避免了过电压雷电波侵入的可能性，但这种供电方式费用较高。对于部分建筑物可以采用一段金属铠装电缆进线的保护方式，这种方式不能完全避免雷电波的侵入，但通过一段电缆后可以将雷电波的过电压限制在安全范围之内。

4)防止雷电反击的措施。反击即防雷装置引雷时，其上会产生瞬时高压，此高压会与金属物体放电。防止措施：①将防雷装置与金属物体保持一定距离；②防雷装置与金属物体不宜隔开时，金属物体接地。

5)防雷装置的组成。防雷装置由接闪器、引下线和接地装置三部分组成。

①接闪器是专门用来接受雷击的金属导体。其形式可分为避雷针、避雷带（网）、避雷线以及兼作接闪的金属屋面和金属构件（如金属烟囱、风管）等。所谓"避雷"是习惯叫法，按着本章主要介绍的防雷装置做法实际上是"引雷"，即将雷电流按预先安排的通道安全地引入大地。因此，所有接闪器都必须经过接地引下线与接地装置相连接。

a. 避雷针。避雷针是安装在建筑物凸出部位或独立装设的针形导体。它能对雷电场产生一个附加电场，使雷电场畸变，因而，将雷云的放电通路吸引到避雷针本身，由它及与它相连的引下线和接地体将雷电流安全导入地中，从而保护了附近的建筑物和设备免受雷击。

避雷针通常采用镀锌圆钢或镀锌钢管制成。

当针长 1 m 以下时：圆钢直径≥12 mm，钢管直径≥20 mm；当针长为 1～2 m 时：圆钢直径≥16 mm，钢管直径≥25 mm。

烟囱顶上的避雷针：圆钢直径≥20 mm，钢管直径≥40 mm。当避雷针较长时，针体则由针尖和不同直径的管段组成。针体的顶端均应加工成尖形，并用镀锌或搪锡等方法防止其锈蚀。它可以安装在电杆（支柱）、构架或建筑物上，下端经引下线与接地装置焊接。

b. 避雷带和避雷网。避雷带就是用小截面圆钢或扁钢装于建筑物易遭雷击的部位，如屋脊、屋檐、屋角、女儿墙和山墙等条形长带。避雷网相当于纵横交错的避雷带叠加在一起，形成多个网孔，它既是接闪器，又是防感应雷的装置，因此是接近全部保护的方法，一般用于重要的建筑物。

避雷带和避雷网可以采用镀锌圆钢或扁钢，圆钢直径不应小于 8 mm；扁钢截面面积不应小于 48 mm²，其厚度不得小于 4 mm。

避雷网也可以做成笼式避雷网，也可简称为避雷笼。避雷笼是用来笼罩整个建筑物的金属笼。根据电学中的法拉第笼的原理，对于雷电它起到均压和屏蔽的作用，任凭接闪时笼网上出现多高的电压，笼内空间的电场强度为零，笼内各处电位相等，形成一个等电位体，因此笼内人身和设备都是安全的。

c. 避雷线。避雷线一般采用截面不小于 35 mm² 的镀锌钢绞线，架设在架空线路之上，以保护架空线路免受直接雷击。避雷线的作用原理与避雷针相同，只是保护范围要小一些。

②引下线。

a. 引下线的选择和设置。

引下线是连接接闪器与接地装置的金属导体。引下线常采用圆钢和扁钢制作。

明敷时：应采用镀锌圆钢和扁钢。采用圆钢直径不小于 8 mm；扁钢截面面积不小于 48 mm²，厚度不小于 4 mm。烟囱采用圆钢直径不小于 12 mm；扁钢截面面积不小于 100 mm²，厚度不小于 4 mm。

暗敷时：采用圆钢直径不小于 10 mm；扁钢截面面积不小于 80 mm²，厚度不小于 4 mm。

b. 断接卡。设置断接卡的目的是为了便于运行、维护和检测接地电阻。采用多根专设引下线时，为了便于测量接地电阻以及检查引下线、接地线的连接状况，宜在各引下线上于距地面 0.3～1.8 m 处设置断接卡。断接卡应有保护措施。

当利用混凝土内钢筋、钢柱等自然引下线并同时采用基础接地体时，可不设断接卡，但利用钢筋作引下线时应在室内外的适当地点设若干连接板，该连接板可供测量、接人工接地体和做等电位联结用。

当仅利用钢筋做引下线并采用埋于土壤中的人工接地体时，应在每根引下线上距离地面不低于 0.3 m 处设接地体连接板。采用埋于土壤中的人工接地体时应设断接卡。

③接地装置。接地装置是接地体（又称接地极）和接地线的总和。它的作用是把引下线引下的雷电流迅速流散到大地土壤中。

a. 接地体。它是指埋入土壤或混凝土基础中作散流用的金属导体。

接地体分人工接地体和自然接地体两种。自然接地体即兼作接地用的直接与大地接触的各种金属构件，如建筑物的钢结构、行车钢轨、埋地的金属管道（可燃液体和可燃气体管道除外）等。

人工接地体即直接打入地下专作接地用的经加工的各种型钢或钢管等。按其敷设方式可分为垂直接地体和水平接地体。

埋入土壤中的人工垂直接地体宜采用角钢、钢管或圆钢；埋入土壤中的人工水平接地体宜采用扁钢或圆钢。圆钢直径不应小于 10 mm；扁钢截面面积不应小于 100 mm²，其厚度不应小于 4 mm。角钢厚度不应小于 4 mm；钢管壁厚不应小于 3.5 mm。

人工垂直接地体的长度宜为 2.5 m。人工垂直接地体间的距离及人工水平接地体间的距离宜为 5 m，当受地方限制可适当减小。人工接地体在土壤中的埋设深度不应小于 0.6 m。

b. 接地线。接地线是从引下线断接卡或换线处至接地体的连接导体，也是接地体与接地体之间的连接导体。接地线应与水平接地体的截面相同。

c. 基础接地体。在高层建筑中，利用柱子和基础内的钢筋作为引下线和接地体，具有经济、美观、有利于雷电流流散以及不必维护和寿命长等优点。将设在建筑物钢筋混凝土桩基和基础内的钢筋作为接地体时，此种接地体常称为基础接地体。利用基础接地体的接地方式称为基础接地，基础接地体可分为以下两类：

ⓐ自然基础接地体。利用钢筋混凝土基础中的钢筋或混凝土基础中的金属结构作为接地体时，这种接地体称为自然基础接地体。

ⓑ人工基础接地体。把人工接地体敷设在没有钢筋的混凝土基础内时，这种接地体称为人工基础接地体。有时候，在混凝土基础内虽有钢筋，但由于不能满足利用钢筋作为自然基础。

3.2.2 建筑防雷措施的施工工艺

1. 接闪器的安装

接闪器的安装主要包括避雷针的安装和避雷带（网）的安装。

(1)避雷针的安装，如图 3.9 和图 3.10 所示。

(2)避雷带和避雷网的安装。

1)明装避雷带（网）安装。避雷带适于安装在建筑物的屋脊、屋檐（坡屋顶）或屋顶边缘及女儿墙（平屋顶）等处，对建筑物易受雷击部位进行重点保护。当避雷带之间的间距较小，成一定的网格时，则称之为避雷网。明装避雷网是在屋顶上部以较疏的明装金属网格作为接闪器，沿外墙敷设引下线，接到接地装置上。

①雷带在屋面混凝土支座上的安装。避雷带(网)的支座可以在建筑物屋面面层施工过程中现场浇制，也可以预制再砌牢或与屋面防水层进行固定。混凝土支座设置如图3.11所示。屋面上支座的安装位置是由避雷带(网)的安装位置决定的。避雷带(网)距屋面的边缘距离不应大于500 mm。在避雷带(网)转角中心严禁设置避雷带(网)支座。

②避雷带在女儿墙或天沟支架上的安装。避雷带(网)沿女儿墙安装时，应使用支架固定，并应尽量随结构施工预埋支架，当条件受限制时，应在墙体施工时预留不小于100 mm×100 mm×100 mm的孔洞，洞口的大小应里外一致。首先埋设直线段两端的支架，然后拉通线埋设中间支架，其转弯处支架应距离转弯中点0.25~0.5 m，直线段支架水平间距为1~1.5 m，垂直间距为1.5~2 m，且支架间距应平均分布。

避雷带(网)在建筑物天沟上安装使用支架固定时，应随土建施工先设置好预埋件，支架与预埋件进行焊接固定，如图3.12和图3.13所示。

2)暗装避雷带(网)安装。

①用女儿墙压顶钢筋做暗装避雷带。女儿墙上压顶为现浇混凝土时，可利用压顶板内的通长钢筋作为建筑物的暗装避雷带；当女儿墙上压顶为预制混凝土板时，就在顶板上预埋支架设避雷带。

②高层建筑暗装避雷网的安装。暗装避雷网是利用建筑物屋面板内钢筋作为接闪装置。而将避雷网、引下线和接地装置三部分组成一个钢铁大网笼，也称为笼式避雷网，如图3.14所示。

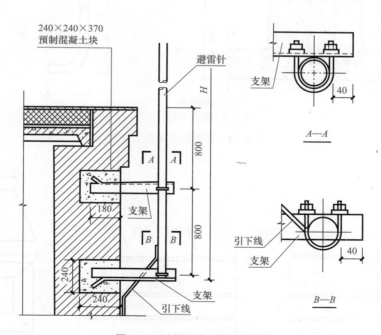

图3.9　避雷针在山墙上安装

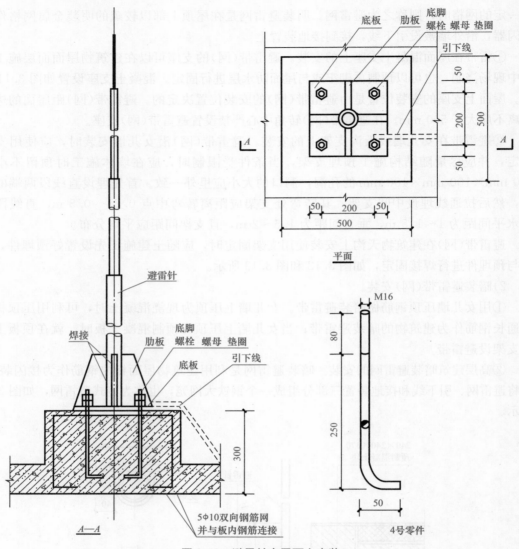

图 3.10 避雷针在屋面上安装

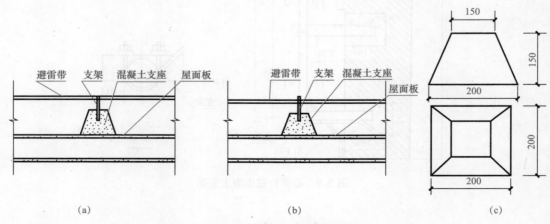

(a)   (b)   (c)

图 3.11 混凝土支座的设置

(a)预制混凝土支座；(b)现浇混凝土支座；(c)混凝土支座

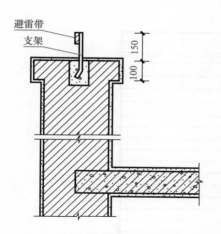

图 3.12 避雷带在女儿墙上安装

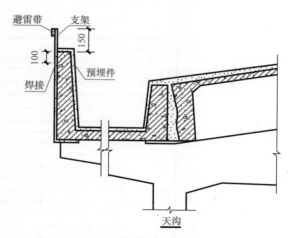

图 3.13 避雷带在天沟上安装

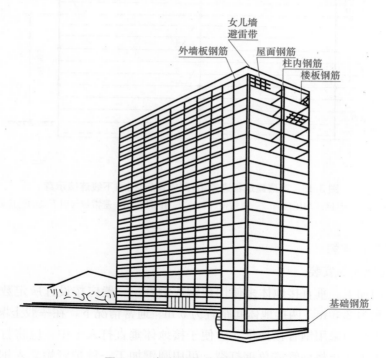

图 3.14 框架结构笼式避雷网示意

2. 均压环的安装

对高层建筑物，一定要注意防备侧向雷击和采取等电位措施。应在建筑物首层起每 3 层设均压环一圈。当建筑物全部为钢筋混凝土结构时，即可将结构圈梁钢筋与柱内充当引下线的钢筋进行连接（绑扎或焊接）作为均压环。当建筑物为砖混结构但有钢筋混凝土组合柱和圈梁时，均压环做法同钢筋混凝土结构。

建筑物高度超过 30 m 时，30 m 及以上部分应将外墙上的金属栏杆及金属门窗等较大的金属物体与防雷装置连接，每樘金属门、窗至少有两点与防雷装置连接。为了使金属门窗与均压环连接方便，均压环的设置一般为二层设置一圈，如图 3.15 所示。

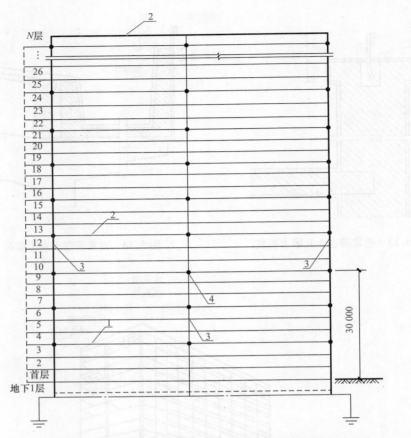

图 3.15　高层建筑物避雷带(网或均压环)引下线连接示意

1—避雷带(网或均压环)；2—避雷带(网)；3—引下线；4—避雷带与引下线的连接处

3. 接地装置的安装

(1)人工接地体的安装。

1)接地体的加工。垂直接地体多使用角钢或钢管，一般应按设计所定数量和规格进行加工。其长度宜为 2.5 m，两接地体间距宜为 5 m。通常情况下，在一般土壤中采用角钢接地体，在坚实土壤中采用钢管接地体。为便于接地体垂直打入土中，应将打入地下的一端加工成尖形。为了防止将钢管或角钢打裂，可用圆钢加工一种护管帽套入钢管端，或用一块短角钢(约长为 10 cm)焊在接地角钢的一端。

2)挖沟。装设接地体前，需沿接地体的线路先挖沟，以便打入接地体和敷设连接这些接地体的扁钢。接地装置需埋于地表层以下，一般接地体顶部距地面不应小于 0.6 m。按设计规定的接地网路线进行测量、划线，然后依线开挖，一般沟深为 0.8～1 m，沟的上部宽为 0.6 m，底部宽为 0.4 m，沟要挖得平直，深浅一致，且要求沟底平整，如有石子应清除。挖沟时如附近有建筑物或构筑物，沟的中心线与建筑物或构筑物的距离不宜小于 2 m。

3)敷设接地体。沟挖好后应尽快敷设接地体，以防止塌方。接地体一般用手锤打入地下，并与地面保持垂直，防止与土壤产生间隙，增加接地电阻，影响散流效果。

(2)接地线敷设。接地线分人工接地线和自然接地线。在一般情况下，人工接地线均应采用扁钢或圆钢，并应敷设在易于检查的地方，且应有防止机械损伤及化学腐蚀的保护措施。

从接地干线敷设到用电设备的接地支线的距离越短越好。当接地线与电缆或其他电线交叉时，其间距至少要维持 25 mm。

室外接地线引入室内的做法如图 3.16 所示，为了便于测量接地电阻，当接地线引入室内后，必须用螺栓与室内接地线连接。

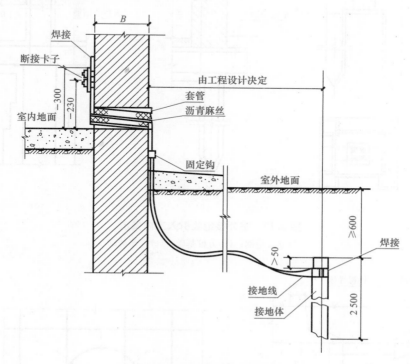

图 3.16　室外接地线引入室内做法

在接地线与管道、公路、铁路等交叉处及其他可能使接地线遭受机械损伤的地方，均应套钢管或角钢保护。当接地线跨越有震动的地方时，如铁路轨道，接地线应略加弯曲，以便振动时有伸缩的余地，避免断裂。

（3）接地体（线）的连接。接地体（线）的连接一般采用搭接焊，焊接处必须牢固、无虚焊。有色金属接地线不能采用焊接时，可采用螺栓连接。接地线与电气设备的连接，也采用螺栓连接。

接地体（线）连接时的搭接长度为：扁钢与扁钢连接为其宽度的 2 倍，当宽度不同时，以窄的为准且至少 3 个棱边焊接；圆钢与圆钢连接为其直径的 6 倍；圆钢与扁钢连接为圆钢直径的 6 倍；扁钢与钢管（角钢）焊接时，为了连接可靠，除应在其接触部位两侧进行焊接外，还应焊上由扁钢弯成的弧形（或直角形）卡子，或直接将接地扁钢本身弯成弧形（或直角形），与钢管（或角钢）焊接。

（4）建筑物基础接地装置安装。

1）钢筋混凝土桩基础接地体的安装，如图 3.17 和图 3.18 所示。

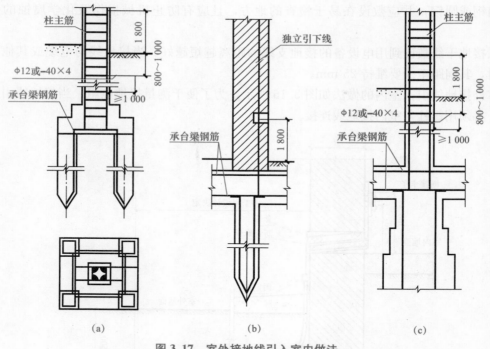

图 3.17　室外接地线引入室内做法
(a)独立式基础；(b)方桩基础；(c)挖孔基础

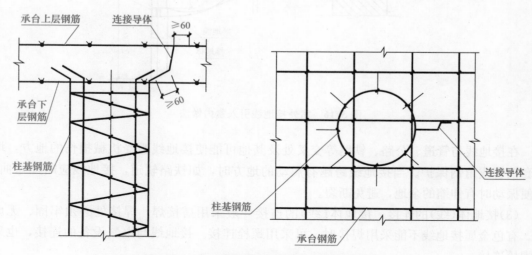

图 3.18　桩基础钢筋与承台钢筋的连接

2)独立柱基础、箱形基础接地体的安装。钢筋混凝土独立柱基础及钢筋混凝土箱形基础作为接地体时，应将用作防雷引下线的现浇钢筋混凝土柱内的符合要求的主筋，与基础底层钢筋网进行焊接连接。

3)钢筋混凝土板式基础接地体的安装。利用无防水层底板的钢筋混凝土板式基础作接地体，应将用作防雷引下线的符合规定的柱主筋与底板的钢筋进行焊接连接。

4.接地装置的检验、接地电阻的测量和常用降阻措施

(1)接地装置的检验和涂色。明敷接地线表面应涂以 15～100 mm 宽度相等的绿色和黄色相间的条纹。

(2)接地电阻的测量。接地电阻测量仪（接地摇表）。

(3)降低接地电阻的措施：

1)置换电阻率较低的土壤；

2)接地体深埋；

3)使用化学降阻剂；

4)外引式接地。

3.2.3 建筑防雷工程计量与计价

1. 防雷工程工程量计算

(1)接地极安装，按设计图示数量以"根/块"计量。

(2)接地母线安装区分室内外、材质规格、安装形式按设计图尺寸以长度"m"计量（含附加长度），附加长度是指转弯、避绕障碍物、搭接头等所占长度，取值为3.9%，按接地母线全长计取。

代替接地母线安装：一般用地梁主筋替代接地母线，只计算与引下线或与代替引下线的柱主筋、代替接地极的桩主筋，或者代替接地线的基础底板钢筋，与其之间的焊接，以"处"计量。

(3)换土或化学处理。

1)换土处理：因岩石或土壤的接地电阻值达不到设计要求时，须进行凿岩、换土等降低电阻值的工作。石方挖及外运量，土壤的挖及运入量，查阅"建筑工程"或"市政工程"相关项目。

2)化学处理：用降阻剂，如细石墨、膨胀土、固化剂、润滑剂及导电水泥等，对土壤进行化学处理的工作，按设计图示以质量"kg"计量。

2. 避雷装置系统

(1)避雷引下线、均压环、避雷网安装，区分材质规格、安装部分、安装形式，按设计图尺寸以长度"m"计量（含附加长度），附加长度是指转弯、避绕障碍物、搭接头等所占长度，取值为3.9%，按避雷引下线、均压环、避雷网全长计取，即工程量=图示工程量×(1+3.9%)。

(2)避雷针安装，按设计图示数量以"根/块"计量。

3. 防雷接地工程定额、清单的内容及注意事项

(1)定额内容。电气照明安装工程使用的是《广东省安装工程综合定额(2010版)》第二册《电气设备安装工程》中的第9章"防雷及接地装置"中的相关内容。具体内容见表3.1。

表3.1 《电气设备安装工程》定额项目设置部分内容

章目	章节内容
第9章 防雷及接地装置	包括接地极(板)制作及安装、接地母线敷设、接地跨接线安装、避雷针制作及安装、半导体少长针消雷装置安装、避雷小短针制作及安装、避雷引下线敷设、避雷网安装、桩承台接地

（2）定额使用注意事项。

1）本章定额适用于建筑物、构筑物的防雷接地，变配电系统接地，设备接地以及避雷针的接地装置。

2）户外接地母线敷设定额是按自然地平和一般土质综合考虑的，包括地沟的挖填土和夯实工作，执行本定额时不应再计算。如遇有石方、矿渣、积水、障碍物等情况时，可另行计算。

3）本章定额中，避雷针安装、半导体少长针消雷装置安装，均已考虑了高空作业因素。

4）防雷均压环安装定额是按利用建筑梁内主筋作为防雷接地连接线考虑的。如果采用单独扁钢或圆钢明敷作均压环时，可执行户内接地母线敷设项目。

5）高层建筑物屋顶的防雷接地装置应执行避雷网安装定额，电缆支架的接地线安装应执行户内接地母线敷设项目。

6）均压环敷设主要考虑利用梁内主筋作均压环接地连线，按两根主筋焊接连通考虑；超过两根时，可按比例调整。

7）利用基础梁内两根主筋焊接连通作接地母线，执行均压环敷设项目。

8）柱内主筋与桩承台、梁内主筋跨接已综合在相应项目中，不另行计算。

（3）清单内容。建筑防雷接地工程清单计价使用的是《建设工程工程量清单计价规范》（GB 50500—2013）、《通用安装工程工程量计算规范》（GB 50856—2013）中的 D.9"防雷及接地装置"中的相关内容。具体内容见表 3.2。

表 3.2　《通用安装工程工程量计算规范》（GB 50856—2013）部分项目设置内容

项目编码	项目名称	分项工程项目
030409	防雷及接地装置	包括接地极、接地母线、避雷引下线、均压环、避雷网、避雷针、半导体少长针消雷装置、等电位端子箱及测试板、绝缘垫、浪涌保护器、降阻剂、桩承台接地（粤）共 12 个分项工程项目

（4）清单使用注意事项。

1）利用桩基础作接地极，应描述桩台下桩的根数，每桩台下需焊接柱筋根数，其工程量按柱引下线计算；利用基础钢筋作接地极，按均压环项目编码列项。

2）利用柱筋作引下线的，需描述柱筋焊接根数。

3）利用圈梁作均压环的，需描述圈梁焊接根数。

4）接地母线、引下线、避雷针等清单工程量，按全长＋附加长度 3.9％计算。

3.2.4　案例分析

建筑物防雷接地工程图一般包括防雷工程图和接地工程图两部分，识读方法与照明工程类似，下面以任务一、任务二为例说明。

1. 任务一：图纸分析及工程量计算分析

（1）工程概况。由图 3.1 可知，该住宅建筑避雷带沿屋面四周女儿墙敷设，支持卡子间距为 1 m。在西面和东面墙上分别敷设 2 根引下线（25×4 扁钢），与埋于地下的接地体连接，引下线在距地面 1.8 m 处设置引下线断接卡子。固定引下线支架间距为 1.5 m。由图 3.2 可知，接地体沿建筑物基础四周埋设，埋设深度在地平面以下 1.65 m，在−0.68 m 开始向外，与基础中心距离为 0.65 m。

（2）避雷带及引下线的敷设。首先在女儿墙上埋设支架，间距为 1 m，转角处为 0.5 m，然后将避雷带与扁钢支架焊为一体，如图 3.12 所示。引下线在墙上明敷与避雷带敷设基本相同，也是在墙上埋好扁钢支架之后再与引下线焊接在一起。

避雷带及引下线的连接均用搭接焊接，搭接长度为扁钢宽度的 2 倍。

（3）接地装置安装。该住宅建筑接地体为水平接地体，一定要注意配合土建施工，在土建基础工程完工后，未进行回填土之前，将扁钢接地体敷设好。并在引下线连接处，引出一根扁钢，做好与引下线连接的准备工作。扁钢连接应焊接牢固，形成一个环形闭合的电气通路，实测接地电阻达到设计要求后，再进行回填土。

（4）避雷带、引下线和接地装置的计算。避雷带、引下线和接地装置都是采用 25×4 扁钢制成，它们所消耗的扁钢长度计算如下：

1）避雷带。避雷带由女儿墙上的避雷带和楼梯间屋面阁楼上的避雷带组成，女儿墙上的避雷带的长度：（37.4+9.14）×2=93.08（m）。

楼梯间阁楼屋面上的避雷带沿其顶面敷设一周，并用 25×4 扁钢与屋面避雷带连接。因楼梯间阁楼屋面尺寸没有标注全，实际尺寸为宽 4.1 m、长 2.6 m、高 2.8 m。屋面上的避雷带的长度为：（4.1+2.6）×2=13.4（m），共两个楼梯间阁楼，13.4×2=26.8（m）。

因女儿墙高度为 1 m，阁楼上的避雷带要与女儿墙上的避雷带连接，阁楼与女儿墙最近的距离为 1.2 m。连接线长度为：1+1.2+2.8=5（m），两条连接线共 10 m。

因此，屋面上的避雷带总长度为：93.08+26.8+10=129.88（m）。

2）引下线。引下线共 4 根，分别沿建筑物四周敷设，在地平面以上 1.8 m 处用断接卡子与接地装置连接，考虑女儿墙后，引下线的长度为：（17.1+1-1.8）×4=65.2（m）。

3）接地装置。接地装置由水平接地体和接地线组成，水平接地体沿建筑物一周埋设，距基础中心线为 0.65 m，其长度为：[（37.4+0.65×2）+（9.14+0.65×2）]×2=98.28（m）。因为该建筑物建有垃圾道，向外突出 1 m，又增加 4 m，水平接地体的长度为：98.28+4=102.28（m）。

接地线是连接水平接地体和引下线的导体，不考虑地基基础的坡度时，其长度约为：（0.65+1.65+1.8）×4=16.4（m）。

4）引下线的保护管。引下线的保护管采用硬塑料管制成，其长度为：（1.7+0.3）×4=8（m）。

5）避雷带和引下线的支架。安装避雷带所用支架的数量可根据避雷带的长度和支架间距算出。引下线支架的数量计算也依同样方法，还有断接卡子的制作等，所用的 25×4 扁钢总长可以自行统计。

2. 任务二：图纸分析及工程量计算分析

（1）利用柱主筋作为引下线的共有 9 根，其中 6 根为 22.4 m 高，1 根为 16.5 m 高，2 根为 29.7 m。利用柱主筋作为引下线的总长度为：6×22.4+16.5+2×29.7+9×7.4（地下）=276.9（m）。

（2）有女儿墙的引下线的共有 6 根，长度为：6×1.5=9（m）。

（3）室外地面下 0.8 m 处焊出一根 φ12 镀锌圆钢的外引线长度为：9×1.2（取 1.2 m）=10.8（m）。

（4）φ10 镀锌圆钢沿女儿墙敷设的避雷带总长度为：（11×3.9+0.85）+（9×3.9－2×1.5）+2×（2×4.5+3×2.4+0.625）=109.5（m）。

注：楼梯阁楼段无墙，取两边各 1.5 m，楼梯阁楼段长为 2×3.9+2×1.5=10.8（m）。

（5）φ10 镀锌圆钢在不同高度处的避雷带无墙敷设的长度为：

1）29.7 m 高度长度为：2×（2×3.9）+2×（3.6+4.5+2.4）=36.6（m）。

2）28.5 m 高度长度为：2×（2×3.9+2×1.5）+2×（3.6+4.5+2.4+0.5×2）=44.6（m）。

3）26.2 m 高度长度为：2×4×3.9－（2×3.9+2×1.5）楼梯阁楼段+2×（2×2.4）=30（m）。

4）22.4 m 高度长度为：（2×4.5+3×2.4+0.625）+（4.5+0.625）=21.95（m）。

5）19.4 m 高度长度为：4.5+2.4+3.9=10.8（m）。

6）16.5 m 高度长度为：4.5+2.4+3.9=10.8（m）。

φ10 镀锌圆钢无墙敷设的避雷带总长度为：36.6+44.6+30+21.95+10.8+10.8=154.75（m）。

（6）φ10 镀锌圆钢在不同高度的避雷带连通线长度为：

1）29.7 m 高度与 28.5 m 高度的避雷带连通线取 2 根，长度为：2×（29.7－28.5垂直+1.5平行）=5.4（m）。

2）28.5 m 高度与 26.2 m 高度的避雷带连通线 2 根，长度为：2×（28.5－26.2）=4.6（m）。

3）28.5 m 高度与 22.4 m 高度的避雷带连通线 2 根，长度为：2×（28.5－22.4－1.5女儿墙高）=9.2（m）。

4）26.2 m 高度与 22.4 m 高度的避雷带连通线 1 根，长度为：26.2－22.4=3.8（m）。

5）22.4 m 高度与 19.4 m 高度的避雷带连通线 22 根，长度为：2×（22.4－19.4+1.5女儿墙高）=9（m）。

6）19.4 m 高度与 16.5 m 高度的避雷带连通线 11 根，长度为：（19.4－16.5）=2.9（m）。

7）22.4 m 高度与 16.5 m 高度的避雷带连通线 1 根，长度为：（22.4－16.5+1.5女儿墙高）=7.4（m）。

8）屋顶 22.4 m 高度与女儿墙高度的避雷带连通线有 3 根，④轴线 2 根，⑨轴线 1 根，长度为：（3×1.5女儿墙高）=4.5（m）。

φ10 镀锌圆钢在不同高度的避雷带连通线总长度为：5.4+4.6+9.2+3.8+9+2.9+7.4+4.5=46.8（m）。

（7）供测试用的预埋连接板有 4 处（接地测试板）。

接地测试板做法如图 3.3 所示。

3.3 任务实施

1. 任务：某五层综合楼防雷接地工程

工程量计算见表 3.3。

表 3.3　某五层综合楼防雷接地工程量计算表

序号	工程项目	单位	计算式	数量	备注
1	避雷带敷设扁钢-25×4	m	$[(37.4+9.14)\times2+(4.1+2.6)\times2\times2+(1+1.2+2.8)\times2]\times1.039$	134.95	
2	引下线敷设扁钢-25×4	m	$[(17.1+1-1.8)\times4]\times1.039$	67.74	
3	接地母线敷设扁钢-25×4	m	$\{[(37.4+0.65\times2)+(9.14+0.65\times2)]\times2+(2\times2\times1)\}\times1.039$ $[0.68+0.165+0.15+\sqrt{(1.65-0.68)^2+(0.165+0.2)^2}+1.8]\times4\times1.039$	122.19	此处为接地体（m），不是接地极（根）
4	引下线塑料保护管	m	$(1.7+0.3)\times4$	8	套配管相关定额
5	避雷针制作、安装（$\phi8$圆钢）避雷带上安装	根		12	

2. 任务二：某七层综合楼防雷接地工程

（1）工程量计算见表 3.4。

表 3.4　工程量计算表

序号	工程项目	单位	计算式	数量	备注
1	引下线 4Φ12	m	$(6\times22.4+16.5+2\times29.7+9\times7.4+6\times1.5+9\times1.2)\times1.039\times2$	616.54	
2	避雷带（网）Φ10	m	$(109.5+154.75+46.8)\times1.039$	323.18	
3	避雷针（接闪器）0.6 m/根	根		9	
4	接地测试板	块		4	

（2）分部分项工程和单价措施项目清单与计价表见表 3.5。

表 3.5　分部分项工程和单价措施项目清单与计价表

工程名称：某七层综合楼防雷接地工程　　　　　标段：　　　　　　　　第　页　共　页

序号	项目编码	项目名称	项目特征描述	计量单位	工程量	金额/元			
						综合单价	合价	其中 人工费	其中 暂估价
1	030409003001	避雷引下线	柱内主筋 4Φ12 通长焊接	m	616.54	19.92	12 281.48	5 302.24	—
2	030409005001	避雷网	1. Φ10 镀锌圆钢 2. 单根安装 3. 混凝土：查阅女儿墙	m	329.42	56.02	18 454.11	9 366.40	—

85

序号	项目编码	项目名称	项目特征描述	计量单位	工程量	金额/元			
						综合单价	合价	其中 人工费	其中 暂估价
3	030409006001	避雷针	1. φ10 镀锌圆钢 2. 0.6 m/根	根	9.00	66.88	601.92	209.07	—
4	030409008001	等电位端子箱、测试板	1. 接地测试板 2. 铜接地端子板 3. 末端 25×3 铜带接地	块	4.00	674.34	2 697.36	871.20	—
			本页小计				34 034.87	15 748.91	
			合计				34 034.87	15 748.91	

(3)综合单价分析表见表 3.6～表 3.9。

表 3.6　综合单价分析表(1)

工程名称：某七层综合楼防雷接地工程　　　　　标段：　　　　　　　　第 页 共 页

项目编码	030409003001	项目名称	避雷引下线	计量单位	m	工程量	616.54

清单综合单价组成明细

定额编号	定额名称	定额单位	数量	单价				合价			
				人工费	材料费	机械费	管理费和利润	人工费	材料费	机械费	管理费和利润
C2-9-60	避雷引下线敷设利用建筑物主筋引下	10 m	61.654	0.653×132=86	9.07×3.66=33.20	39.77	40.20	5 302.24	2 046.91	2 451.98	2 478.49
人工单价			小计					5 302.24	2 046.91	2 451.98	2 478.49
132 元/工日			未计价材料费								
清单项目综合单价								(5 302.24+2 046.91+2 451.98+2 478.49)/616.54=19.92			

材料费明细	主要材料名称、规格、型号	单位	数量	单价/元	合价/元	暂估单价/元	暂估合价/元
	其他材料费				—		—
	材料费小计				—		—

表 3.7　综合单价分析表(2)

工程名称：某七层综合楼防雷接地工程　　　　　　标段：　　　　　　　　　第　页　共　页

项目编码	030409005001	项目名称		避雷网		计量单位		m	工程量	329.42

清单综合单价组成明细

定额编号	定额名称	定额单位	数量	单价				合价			
				人工费	材料费	机械费	管理费和利润	人工费	材料费	机械费	管理费和利润
C2-9-63	避雷网安装沿折板支架敷设	10 m	32.942	284.33	99.84	16.41	132.90	9 366.40	3 288.93	540.58	4 377.99
人工单价		小计						9 366.40	3 288.93	540.58	4 377.99
132 元/工日		未计价材料费						880.07			

清单项目综合单价/(元·m⁻¹)	(9 366.40+3 288.93+540.58+4 377.99+880.07)/329.42＝56.02

材料费明细	主要材料名称、规格、型号	单位	数量	单价/元	合价/元	暂估单价/元	暂估合价/元
	Φ10 热镀锌圆钢	t	(329.42×0.617/1 000)＝0.203 25	4 330.00	880.07	—	—
	其他材料费			—			
	材料费小计			—	880.07		

表 3.8　综合单价分析表(3)

工程名称：某七层综合楼防雷接地工程　　　　　　　　标段：　　　　　　　　　　　　第　页　共　页

项目编码	030409006001		项目名称		避雷针		计量单位		根		工程量	9.00

清单综合单价组成明细

定额编号	定额名称	定额单位	数量	单价				合价			
				人工费	材料费	机械费	管理费和利润	人工费	材料费	机械费	管理费和利润
C2-9-56	避雷小短针制作	根	9.00	12.80	19.58	0.00	5.98	115.20	176.22	0.00	53.82
C2-9-57	避雷小短针在避雷网上安装	根	9.00	10.43	11.57	0.00	4.87	93.87	104.13	0.00	43.83
人工单价			小计					209.07	280.35	0.00	97.65
132 元/工日			未计价材料费					14.86			
			清单项目综合单价					66.88			

材料费明细	主要材料名称、规格、型号	单位	数量	单价/元	合价/元	暂估单价/元	暂估合价/元
	Φ10 热镀锌圆钢	t	9×0.6×1.03×0.617/1 000＝0.003 432	4 330.00	14.86	—	—
	其他材料费				—		
	材料费小计						

表 3.9　综合单价分析表(4)

工程名称：某七层综合楼防雷接地工程　　　　　标段：　　　　　　　　　第　页　共　页

项目编码	030409008001	项目名称	等电位端子箱、测试板	计量单位		块		工程量		4.00

清单综合单价组成明细

定额编号	定额名称	定额单位	数量	单价				合价			
				人工费	材料费	机械费	管理费和利润	人工费	材料费	机械费	管理费和利润
C2-9-7	接地极（板）制作、安装接地极板铜板	块	4.00	217.80	318.86	0.00	122.16	871.20	1 275.44	0.00	488.64

人工单价	小计	871.20	1 275.44	0.00	488.64
132 元/工日	未计价材料费	62.08			
清单项目综合单价		674.34			

材料费明细	主要材料名称、规格、型号	单位	数量	单价/元	合价/元	暂估单价/元	暂估合价/元
	H62 黄铜板	kg	(8.5×6×0.06×0.1)×4×1.035=1.267	49.00	62.08	—	—
	其他材料费			—			
	材料费小计			—			

(4)单位工程投标报价计算汇总表见表 3.10。

表 3.10　某综合楼防雷接地工程单位工程投标报价计算汇总表

序号	汇总内容	金额/元	其中		
			暂估价/元	安全文明施工费/元	规费/元
1	分部分项工程	34 034.87			
1.1	略				
1.2	略				
……	略				

序号	汇总内容	金额/元	其中		
			暂估价/元	安全文明施工费/元	规费/元
2	措施项目	4 184.49			
2.1	安全文明施工费等	15 748.91×26.57%＝4 184.49		4 184.49	
2.2	脚手架工程等				
3	其他项目	3 403.49＋1 000＋1 000＝5 403.49			
3.1	暂列金额	34 034.87×10%＝3 403.49			
3.2	专业工程暂估价	1 000			
3.3	计日工	135 元/工日			
3.4	总包服务费	1 000			
4	规费	(34 034.87＋4 184.49＋5 403.49)×4.65%＝2 028.46			
5	税金	(1＋2＋3＋4)×3.41%＝1 556.71			
6	投标报价合计	1＋2＋3＋4＋5＝47 208.02			

习　题

一、单项选择题

1. 二类防雷建筑物的引下线不应少于两根，其间距不应大于（　　）m。

    A. 10   B. 12

    C. 16   D. 18

参考答案

2. 人工垂直接地体的长度宜为（　　）m。

    A. 1.5   B. 1.8

    C. 2.2   D. 2.5

3. 人工接地体在土壤中的埋设深度不应小于（　　）m。

    A. 0.6   B. 0.8   C. 1.0   D. 1.2

4. 避雷带在女儿墙或天沟支架上安装时，应使用支架固定。支架的支起高度不应小于（　　）mm。

    A. 80   B. 100   C. 120   D. 150

5. 接地线扁钢的焊接应采用搭接焊，其搭接长度为其宽度的（　　）倍，且至少三个棱边焊接。

    A. 2   B. 3   C. 5   D. 6

6. 避雷网(线)、引下线和接地母线敷设，其中增加3.9%的长度为考虑转弯、上下波动、避绕障碍物等搭接接头时的( )。

    A. 附加长度   B. 预留长度   C. 定额损耗   D. 弛度

7. 用建筑物柱内主筋作接地引下线时，按两根主筋考虑；如果超过两根时( )。

    A. 不再计算   B. 定额已综合考虑

    C. 不考虑   D. 按比例调整

二、多项选择题

1. 按建筑物的防雷分类要求，下列属于第二类防雷建筑物的有( )。

    A. 大型展览和博览建筑物   B. 大型火车站

    C. 大型城市的重要给水水泵房   D. 省级重点文物保护的建筑物

2. 建筑物防雷接地系统安装工程中，属于独立避雷针的是( )。

    A. 等边角钢独立避雷针   B. 扁钢与角钢混合结构独立避雷针

    C. 钢筋结构独立避雷针   D. 钢筋混凝土环形杆独立避雷针

3. 在接地电阻达不到标准时，应采取的措施有( )。

    A. 加"降阻剂"   B. 增加接地极的数量

    C. 增加接地极的埋入深度   D. 更换接地极的位置

三、简答题

1. 为什么要在引下线上设断接卡子？

2. 建筑用防雷装置由哪几部分组成？一般应用哪些材料？

3. 接地装置由哪几部分组成？接地装置的安装或敷设有哪些要求？

4. 人工垂直接地体应用的材料有哪些？规格是多少？长度一般为多少？

5. 依据《通用安装工程工程量计算规范》(GB 50856—2013)，避雷网发生跨接时如何计算工程量？

工作情境四

火灾报警与消防联动工程施工工艺、识图与预算

➡ **能力导航**

学习目标	资料准备
通过本工作情境的学习,应该了解建筑物防火等级划分、火灾探测器种类、火灾探测器的布置;消防联动设备的种类和控制要求;熟悉火灾报警与消防联动系统组成特点;掌握火灾报警与消防联动工程图分析方法;掌握火灾报警与消防联动工程量计算规则及造价文件的编制方法。	本部分内容以《通用安装工程工程量计算规范》(GB 50856—2013)、《广东省安装工程综合定额(2010版)》第七册《消防安装工程》为造价计算依据,建议准备好这些工具书及最新的工程造价项目信息。

4.1 布置工作任务

任务要求:

(1)熟悉图纸。

(2)查阅《广东省安装工程综合定额(2010版)》第七册《消防安装工程》、《通用安装工程工程量计算规范》(GB 50856—2013)以及《建设工程工程量清单计价规范》(GB 50500—2013)中相关工程量计算规则及计价规范。

(3)编制"某商场珠宝首饰厅消防工程"的工程量计算表、分部分项工程和单价措施项目清单与计价表、综合单价分析表以及单位工程投标报价汇总表等工程造价文件,相关表格格式请查阅《建设工程工程量清单计价规范》(GB 50500—2013)。

施工及计价说明:

中山某商场珠宝首饰厅,层高为4.5 m,铝扣板吊顶高为0.3 m,其火灾报警系统平面布置图如图4.1所示。

(1)区域报警控制箱(AR)板面尺寸为520 mm×800 mm,挂式,安装高度为1.5 m;消防按钮开关暗敷,安装高度为1.5 m。

(2)SS及ST和地址解码器为四总线制,配BV—4×1.5线,穿RC20管,管线暗敷设在顶棚天花内。

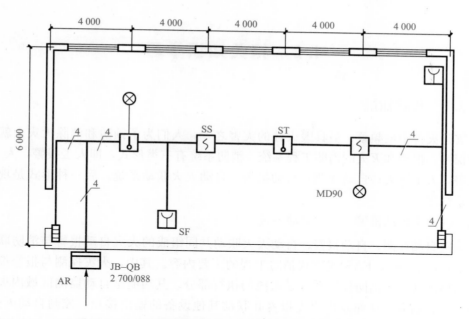

図中标注:
- 顶部尺寸: 4 000 4 000 4 000 4 000 4 000
- 左侧尺寸: 6 000
- 中间标注: 4 4 SS ST 4
- MD90
- SF
- 4
- 4
- AR JB—QB 2 700/088

图 4.1　某商场珠宝首饰厅火灾报警系统平面布置图

　　(3)门洞的尺寸为 2 100 mm×1 800 mm,卷帘门材质为无机防火纤维,防火等级为 F4;应急显示灯安装方式为吸顶式。

　　(4)人工费取值为 126 元,报价时间为 2017 年 3 月,辅材价格指数为 4.20,主材按实取价,机械费价格指数为 3.5。

　　(5)安全文明施工费、脚手架工程费执行定额中的相关规定,暂列金额费率按 12% 记取。

　　(6)合同规定该安装工程为包工包料,消耗量采用定额消耗量水平,相关主材采购价如下:

　　1)火灾区域报警器,型号 JB—QB—TC5 160:1 335 元/台;

　　2)防火卷帘材质为无机防火纤维 340 元/m²;

　　3)手动火灾报警按钮,型号 J—SA P—M—LD2000En:98 元/个;

　　4)感烟探测器,型号 JTY—GM—JLDS1:67.8 元/个;

　　5)感温探测器,型号 JTW—ZOM—JLDT:59 元/个;

　　6)金属软管 DN20,0.3 m/根:11.2 元/根;

　　7)国标镀锌钢管 DN20(壁厚 2.8 mm)1.76 kg/m:4 890 元/t;

　　8)BV—1.5 单芯硬导线:0.55 元/m;

　　9)消防应急灯,型号 BBD51:120 元/套;

　　10)普通 86 型接线盒(暗敷):6 元/个;AH 防爆不锈钢接线盒(吊顶内敷设):18 元/个。

　　(7)按合同规定专业工程暂估价、总包服务费均按 1 000 元、计日工单价 130 元/工日计取。

　　(8)规费费率为 6.5%,税金税率为 3.41%。

4.2 相关知识学习

4.2.1 基础知识

火灾是灾害中最频繁、最具毁灭性的灾害之一，人们为了预防和消除火灾，就产生了火灾的探测、报警和灭火的消防工程系统。消防系统有三类形式，即人工报警，人工灭火；自动报警，人工灭火；自动探测、自动报警、自动灭火联动系统。后一种形式是现代建筑必备的系统之一。

1. FAS 火灾自动报警与消防联动系统

由火灾自动探测、自动报警、自动灭火联动共同组成的火灾自动报警与消防联动系统（Fire Alarm System，FAS）是现代消防工程的主要内容。其中，火灾探测与报警控制系统是系统的感测部分，消防控制系统是系统的执行部分。其功能是自动监测区域内火灾发生时的热、光和烟雾，从而发出声光报警并联动其他设备的输出接点，控制自动灭火系统、紧急广播、事故照明、电梯、消防给水和排烟系统等，实现监测、报警和灭火的自动化。

FAS 技术换代很快：第一代，多线制开关量式；第二代，多线制可寻址开关量式；第三代及第四代，模拟量传输式发展到数学传输式智能化灭火联动系统。数字传输系统按控制方式有区域报警系统，集中报警系统，区域、集中报警系统，控制中心报警系统 4 种模式。控制中心报警系统是一种火灾自动探测自动报警与自动灭火消防联动一体化的控制系统。它适用于大型建筑群、大型综合楼、大型宾馆、饭店、商场及办公楼等的消防。

（1）FAS 火灾自动联动控制系统的组成（图 4.2）。FAS 由两大部分组成，即探测报警和消防设施及设备；信号传输网络。

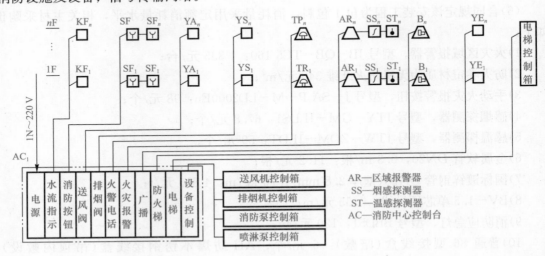

图 4.2　FAS 火灾自动联动控制系统的组成

1）FAS 设施及设备。FAS 设施及设备由火灾探测、火灾报警、火灾广播、火警电话、事故照明、灭火设施、防排烟设施、防火卷帘门、监视器、消防电梯及非消防电源的断电装置 11 部分设施和设备组成。

2）FAS 信号传输网络。FAS 信号传输网络有多线制和总线制两类。多线制处于淘汰状态，而总线制采用地址编码技术，整个系统只用 2~4 根导线构成总线回路，火灾探测器、火灾报警按钮及其他需要向火灾报警中心传递信号的设备（一般是通过控制模块转换）等，都直接并接在总线上。

系统构成极其简单，成本较低，施工量也大为减少，无论用传统布线方式或综合布线方式的传输网络系统，都广泛采用这种线制。

总线制的火灾报警控制器采用了先进的单片机技术，CPU 主机将不断地向各编制单元发出数字脉冲信号（发码），当编址单元接收到 CPU 主机发来的信号，加以判断，如果编址单元的码与主机的发码相同，该编址单元响应。主机接收到编址单元返回来的地址及状态信号，进行判断和处理。如果编址单元正常，主机将继续向下巡检；经判断如果是故障信号，报警器将发出部位故障声光报警；发生火灾时，经主机确认后火警信号被记忆，同时发出火灾声光报警信号。

为了提高系统的可靠性，报警器主机和各编址单元在地址和状态信号的传播中，采用了多次应答、判断的方式。各种数据经过反复判断后，才给出报警信号。火灾报警、故障报警、火警记忆、音响、火警优先于故障报警等功能，由计算机自动完成。

3）FAS 设备的布线方式。火灾报警设备的布线方式，可以分为树状（串形）接线和环形接线。

①树状接线像一棵大树，在大树上有分支，但分支不宜过多，在同一点的分支也不宜超过 3 个。大多数产品用树状接线，总线的传输质量最佳，传输距离最长。

②环形接线是一条回路的报警点组成一个闭合的环路，但这个环路必须是在火灾报警设备内形成的一个闭合环路，这就要求火灾报警设备的出口每条回路最少为 4 条报警总线（2 总线制）。环形接线的优点是环路中某一处发生断线，可以形成 2 条独立的回路，仍可继续工作。

（2）FAS 的检测调试。FAS 是个总系统，安装完毕后各个分（子）系统检测合格后联通，再进行全系统的检测、调整及试验，要求达到设计和验收规范要求。进行检测和调试的单位有施工单位、业主或监理单位、专业检测单位、公安消防部门等，前后要进行 4 次检测调试。

FAS 检测调试主要是两大部分，即火灾自动报警装置调试和自动灭火控制装置调试。当工程仅设置自动报警系统时，只进行自动报警装置调试；既有自动报警系统又有自动灭火控制系统时，应计算自动报警装置和自动灭火控制装置的调试。

2. FAS 火灾自动报警分级与探测器种类

（1）建筑物防火等级的分类。民用建筑的保护等级，按表 4.1 进行确定。

表 4.1　建筑物火灾自动报警系统保护对象分级

保护对象分级	建筑物分类	建筑物名称
特级	建筑高度超过 100 m 的超高层建筑	各类建筑物

保护对象分级	建筑物分类	建筑物名称
一级	高层民用建筑	《建筑设计防火规范》(GB 50016—2014)—类所列建筑
	建筑高度不超过 24 m 的多层民用建筑及超过 24 m 的单层共用建筑	1. 200 个以上床位的病房楼或每层建筑面积 1 000 m² 以上的门诊楼 2. 每层建筑面积超过 3 000 m² 的百货楼、商场
	地下民用建筑	1. 地下铁道、车站 2. 地下电影院、礼堂 3. 使用面积超过 1 000 m² 的地下商场、医院、旅馆、展览厅及其他商业或公共活动场所 4. 重要的试验室、图书资料档案库存场所
二级	高层民用建筑	《建筑设计防火规范》(GB 50016—2014)二类所列建筑物
	建筑高度不超过 24 m 的民用建筑	1. 设有空气调节系统的或每层建筑面积超过 2 000 m² 但不超过 3 000 m² 的商业楼、财贸金融楼、电信楼、展览楼、旅馆、办公楼、车站、海河客运站、航空港等公共建筑及其他商业或公共活动场所 2. 市、县级的邮政楼、广播电视楼、电力调度楼、防灾指挥调度楼 3. 不超过 1 500 个座位的影剧院 4. 库存容量在 26 辆以上的停车库 5. 高级住宅 6. 图书馆、书库、档案楼 7. 舞厅、卡拉 OK 厅(房)、夜总会等商业娱乐场所
	地下民用建筑	1. 库存容量在 26 辆以上的地下停车库 2. 长度超过 500 m 的城市隧道 3. 使用面积不超过 1 000 m² 的地下商场、医院、旅馆、展览厅及其他商业或公共活动场所

注：舞厅、卡拉 OK 厅(房)、夜总会等商业娱乐场所不论规模大小做同等建筑对待。

(2)火灾探测器种类。火灾探测器的种类与性能见表 4.2。

表 4.2 火灾探测器的种类与性能

火灾探测器种类名称			探测器性能
感烟式探测器	定点型	离子感烟式	及时探测火灾初期烟雾，报警功能较好。可探测微小颗粒(油漆味、烤焦味及大分子量气体分子，均能反应并引起探测器动作；当风速大于 10 m 时不稳定，甚至引起误动作)
		光电感烟式	对光电敏感。宜用于特定场所。附近有过强红外光源时会导致探测器不稳定；其寿命较前者短

火灾探测器种类名称			探测器性能
感温式探测器	缆式线形感温电缆		不以明火或温升速率报警,而是以被测物体温度升高到某定值
	定温式	双金属定温	它只以固定限度的温度值发出火警信号,允许环境温度有较大变化而工作比较稳定,但火灾引起的损失较大
		热敏电阻	
		半导体定温	
		易熔合金定温	
	差温式	双金属差温式	适用于早期报警,它以环境温度升高率为动作报警参数,当环境温度达到一定要求时发出报警信号
		热敏电阻差温式	
		半导体差温式	
	差定温式	膜盒差定温式	具有感温探测器的一切优点而又比较稳定
		热敏电阻差定温式	
		半导体差定温式	
感光式探测器	紫外线火焰式		监测微小火焰发生,灵敏度高,对火焰反应快,抗干扰能力强
	红外线火焰式		能在常温下工作。对任何一种含碳物质燃烧时产生的火焰都能反应。对恒定的红外辐射和一般光源(如灯泡、太阳光和一般的热辐射,X 射线和 γ 射线)都不起反应
可燃气体探测器			探测空气中可燃气体含量、浓度,超过一定数值时报警
复合型探测器			是全方位火灾探测器,综合各种优点,适用于各种场合,能实现早期火情的全范围报警

感温式探测器中间跨列说明:火灾早、中期产生一定温度时报警,且较稳定。不宜采用感烟探测器,非爆炸性场所,允许一定损失的场所选用

3. 火灾探测器的选择与布置

(1)探测器的选择。火灾一般受下列因素的影响:可燃物质的类型、着火性质、可燃物质的分布情况,物质存放场所的条件、空气流动及环境温度等。火灾的形式与发展可分为以下几个阶段:

前期:火灾尚未形成,只是出现一定的烟雾,基本上未造成物质损失。

早期:火灾刚开始形成,烟量大增并出现火光,造成了较小的物质损失。

中期:火灾已经形成,火势上升很快,造成一定的物质损失。

晚期:火灾已经扩散,造成了较大损失。

1)火灾初期为阴燃阶段,产生大量的烟雾和少量的热,很少或没有火焰辐射,应选用

感烟探测器。

2)火灾发展迅速,产生大量的热、烟和火焰辐射,可选用感温探测器、感烟探测器、火焰探测器或其组合。

3)火灾发展迅速,有强烈的火焰辐射和少量的热、烟,应选用火焰探测器。

4)根据火焰形成的特点进行模拟试验,根据试验结果选择探测器。

5)对使用、生产或聚集可燃气体蒸气的场所或部位,应选用可燃气体探测器。

(2)探测报警区的划分。

1)防火和防烟分区。

①高层建筑内应采用防火墙、防火卷帘等划分防火分区,每个防火区允许最大建筑面积不应超过表4.3的规定。

表4.3 防火分区允许最大建筑面积

建筑类别	每个防火分区建筑面积/m²
一类建筑	1 000
二类建筑	1 500
地下室	500
注:设有自动喷水灭火系统的防火分区,其允许最大建筑面积可按本表增加1倍。	

当局部设置灭火系统时,增加面积可按局部面积的1倍计算。

②对于高层建筑内的商业营业厅、展览厅等,当设有火灾报警系统和自动灭火系统,且采用不燃烧材料或难燃材料装修时,地上部分防火分区允许最大建筑面积为4 000 m²,地下部分防火分区允许最大建筑面积为2 000 m²。

③当高层建筑与其裙房之间设有防火墙等防火分割措施时,其裙房的防火分区允许最大建筑面积不应大于2 500 m²;当设有自动喷水灭火系统时,防火分区最大建筑面积可增加1倍。

④当高层建筑内设有上下层相连通的走廊、敞开楼梯、自动扶梯、传送带等开口部位时,应将上下连通层作为一个防火分区。当上下开口部位设有耐火极限大于3.0 h的防火卷帘或水幕等分割时,其面积可不叠加计算。

⑤高层建筑中的防火分区面积应按上下层连通的面积叠加计算,当超过一个防火分区面积时,应符合下列规定:

a. 房间与中厅回廊相通的门、窗,应设自行关闭的一级防火门、窗。

b. 与中厅相通的过厅、通道等,应设一级防火门或耐火极限大于3.0 h的防火卷帘分割。

c. 中厅每层回廊应设有自动灭火系统。

d. 中厅每层回廊应设火灾报警系统。

e. 设排烟设施的走道,净高不超过6.0 m的房间,应采用挡烟垂壁、隔墙或从顶棚下突出不小于0.5 m的梁划分防烟分区。

f. 每个防烟分区的建筑面积不应超过500 m²,且防烟分区不应跨越防火分区。

2)报警区域划分。报警区域是指将火灾报警系统所监视的范围按防火分区或楼层布局划分的单元。一个报警区域一般是由一个或相邻几个防火分区组成的。对于高层建筑来说,一个报警监视区域，一般不宜超出一个楼层。视具体情况和建筑物的特点，可按防火分区或按楼层划分报警区域。一般保护对象的主楼以楼层划分比较合理，而裙房一般按防火分区划分为宜。有时，将独立于主楼的建筑物单独划分报警区域。

对于总线制或智能型报警控制系统，一个报警区域一般可设置一台区域显示器。

3)探测区域划分。探测区域是指将报警区域按部位划分的单元。一个报警区域通常面积比较大，为了快速、准确、可靠地探测出被探测范围的哪个部位发生火灾，有必要将被探测范围划分成若干区域，这就是探测区域。探测区域也是火灾探测器探测部位编号的基本单元。探测区域可以是由一只或多只探测器组成的保护区域。

①常探测区域是按独立房(套)间划分的，一个探测区域的面积不宜超过 500 m²。在一个面积比较大的房间内，如果从主要入口能看清其内部且面积不超过 1 000 m²，也可划分为一个探测区域。

②符合下列条件之一的非重点保护建筑，可将整个房间划分成一个探测区域：

a. 相邻房间不超过 5 间，总面积不超过 400 m²，并在每个门口设有灯光显示装置。

b. 相邻房间不超过 10 间，总面积不超过 1 000 m²，在每个房间门口均能看清其内部，并在门口设有灯光显示装置。

③下列场所应分别单独划分探测区域：

a. 敞开和封闭楼梯间。

b. 防烟楼梯间前室、消防电梯间前室、消防电梯与防烟楼梯间合用的前室。

c. 走道、坡道、管道井、电缆隧道。

d. 建筑物闷顶、夹层。

④较好地显示火灾自动报警部位，一般以探测区域作为报警单元，但对非重点建筑当采用非总线制时，也可考虑以分路作为报警显示单元。

合理、正确地划分报警区域和探测区域，常能在火灾发生时，有效、可靠地发挥防火系统报警装置的作用，在着火初期快速发现火情部位，及早采取消防灭火措施。

(3)探测器的设置。

1)一般规定。

①每个房间至少应设一个探测器。

②感烟、感温探测器的保护面积和保护半径，按表 4.4 确定。

表 4.4　感烟、感温探测器的保护面积和保护半径表

火灾探测器的种类	地面面积 S/m²	房间高度 h/m	探测器的保护面积 A 和保护半径 R					
			屋顶坡度 θ					
			$\theta \leqslant 15°$		$15° < \theta \leqslant 30°$		$\theta > 30°$	
			A/m²	R/m	A/m²	R/m	A/m²	R/m
感烟探测器	$\leqslant 80$	$\leqslant 12$	80	6.7	80	7.2	80	8.0
	> 80	$6 < h \leqslant 12$	80	6.7	100	8.0	120	9.9
		$\leqslant 6$	60	5.8	80	7.2	100	9.0
感温度探测器	$\leqslant 30$	$\leqslant 8$	30	4.4	30	4.9	30	5.5
	> 30	$\leqslant 8$	20	3.6	30	4.9	40	6.3

③在宽度小于 3 m 的走道内安装时，宜居中布置。感温探测器的安装间距不应超过 10 m，感烟探测器不超过 15 m。探测器至端墙的距离不应大于探测器安装距离的一半。

④探测器至墙壁、梁边的水平距离不应小于 0.5 m。

⑤探测器周围 0.5 m 内不应有遮挡物。

⑥探测器与空调送风口边的水平距离不应小于 1.5 m，并应接近回风口安装。

⑦顶棚较低（小于 2.2 m）且狭小（面积小于 10 m²）的房间，安装感烟探测器时，宜设在入口附近。

⑧在楼梯间、走廊等处安装感烟探测器时，应设在不直接受外部风吹的位置。当采用光电感烟探测器时，应避免日光或强光直射探测器。

⑨在与厨房、开水房、浴室等房间连接的走廊安装探测器时，应在距离其入口边缘为 1.5 m 安装。

⑩电梯井、未按每层封闭的管道井（竖井）等安装火灾探测器时，应在最上层顶部安装。在下列场所可以不安装火灾探测器：

a. 隔断楼板高度在 3 层以下且完全处于水平警戒范围内的管道井（竖井）及类似场所。

b. 垃圾井顶部或检修探测器困难的平顶。

⑪安装在顶棚上的探测器边缘，与下列设施的边缘水平间距应保持以下距离：

a. 与照明灯具的水平距离不应小于 0.2 m。

b. 感温探测器距高温光源灯具（卤钨灯、容量大于 100 W 的白炽灯等）的净距不应小于 0.5 m。

c. 与电风扇的净距不应小于 1.5 m。

d. 与不凸出的扬声器的净距不应小于 0.1 m。

e. 与各种自动灭喷头净距不应小于 0.3 m。

f. 与多孔送风顶棚孔口的净距不应小于 0.5 m。

g. 与防火门、防火卷帘的间距一般在 1～2 m 的适当位置。

⑫在梁凸出顶棚的高度小于 200 mm 的顶棚上设置感烟、感温探测器时，可不考虑对探测器保护面积的影响。

当梁凸出顶棚的高度超过 600 mm 时，被梁隔断的每一个区域应至少设置一个探测器，如图 4.3 所示。

当梁隔断的区域面积，超过一只探测器的保护范围面积时，应将被隔断的区域视为一个探测区，如图 4.4 所示。

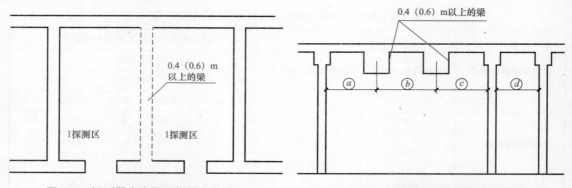

图 4.3　探测器在有梁顶棚的保护范围　　　图 4.4　探测器在有梁顶棚的保护范围

⑬对锯齿形屋顶和坡度大于15°的人字形屋顶，应在屋顶最高处设置一排探测器。

⑭探测器应水平安装，如必须倾斜时，倾斜角不宜大于45°。

2) 手动火灾报警按钮。手动火灾报警按钮是人工通过报警线路向报警中心发出信息的一种方式。手动报警按钮的设置要求如下：

①报警区域内每个防火区，应至少设置一只手动报警按钮。从一个防火分区的任何位置到最邻近的一个手动报警按钮的步行距离，不宜大于30 m。

②手动火灾报警按钮宜在下列部位装设：

a. 楼层的楼梯间、电梯前室。

b. 大厅、过厅、主要公共活动场所出入口。

c. 餐厅、多功能厅等处的主要出入口。

d. 主要通道等经常有人通过的地方。

③手动火灾报警按钮应在火灾报警控制器或消防控制室（值班）内监视，报警盘上有专用独立的报警显示部位号，不应与火灾自动报警显示部位号混合布置或排列，并有明显的标志。

④手动火灾报警按钮安装在墙上的高度应为1.5 m，按钮盒应具有明显的标志和防误动作的保护措施。

(4) 火灾自动报警器。目前，我国大量生产的火灾自动报警器严格来讲，应算"火灾报警控制器"。它是能给火灾探测器供电，并接收、显示和传递火灾报警等信号，对自动消防等装置发出控制信号的设备。

根据建筑物的规模和防火要求，火灾自动报警系统可选用以下3种形式：区域报警系统、集中报警系统、控制中心报警系统。

1) 区域报警控制器。

①主要功能。

a. 火灾自动报警功能。当区域报警器收到火灾探测器送来的火灾报警信号后，由原监控状态立即转为报警状态，发出报警信号，总火警红灯闪亮并记忆；发出变调火警音响，房号灯亮指出火情部位，电子钟停走指出首次火警时间。

b. 断线故障自动报警功能。当探测器至区域报警器直接连线断路或任何连接处松动时，黄色故障指示灯亮，发出不变调断线报警音响。

c. 自检功能。为保证每个探测器及区域报警器电路单元始终处于正常工作状态，设在区域报警面板的自检按键，供值班人员随时对系统功能进行检查，同时在断线故障报警时，用该按键可迅速查找故障所在回路编号。

d. 火警优先功能。当断线故障报警和火警信号同时发生时，区域报警器能自动转换成火灾报警状态。

e. 联动控制。外控触点可自动或手动与其他外控设备联动。

f. 其他监控功能。过压保护和过压声光报警、过流保护、交直流自动切换，备用电池自动定压充电、备用电池欠压报警等功能。

②区域报警系统的设计应符合下列要求：

a. 应置于有人值班的房间或场所。

b. 一个报警区域宜设置一台区域报警器，系统中区域报警控制器不应超过3台。

c. 当用一台区域报警器警戒数个楼层时，应在每层各楼梯口明显部位设识别楼层的灯光显示装置。

d. 区域报警器安装在墙上时，底边距离地面的高度不应小于1.5 m，靠近门轴的侧面距离墙不应小于0.5 m，正面操作距离不应小于1.2 m。

2)集中报警控制器。集中报警控制器的功能大致和区域报警器相同，其差别是多增加了一个巡回检测电路。巡回检测电路将若干区域报警器连接起来，组成一个系统，巡检各区域报警有无火灾信号或故障信号，及时指示火灾或故障发生的区域和部位(层号和房号)，并发出声光报警信号。

集中报警系统的设计应符合下列要求：

①系统中应设有一台集中报警控制器和两台以上的区域报警控制器。

②控制器需从后面检修时，后面板距离墙不应小于1 m；当其一侧靠墙安装时，另一侧距离墙不应小于1 m。

③正面操作距离：当设备单列布置时不应小于1.5 m，双列布置时不应小于2 m；在值班人员经常工作的一面，控制盘距离墙不应小于3 m。

④控制器应设置在有人值班的专用房间或消防值班室内。

3)火灾报警控制器安装。区域报警控制器和集中报警控制器分为台式、挂壁式和落地式三种。其安装一般满足下列要求：

①火灾报警控制器宜安装在专用房间或楼层值班室，也可设在经常有人值班的房间或场所。

②引入火灾报警控制器的电缆或导线应符合下列要求：配线应整齐，避免交叉，并应固定牢靠；电缆芯线和所配导线的端部，均应标明编号并与图纸一致，字迹清晰、不易褪色；端子板的每个接线端上，接线不得超过2根；电缆芯和导线，应留有不小于20 cm的余量；导线应绑扎成束；导线引入线穿管后，在进线管处应封堵。

(5)线路敷设。

1)消防用电设备必须采用单独回路，电源直接取自配电室的母线，当切断非消防电源时，消防电源不受影响，保证扑救工作的正常进行。

2)火灾自动报警系统的线路，耐压不低于交流250 V。导线采用铜芯绝缘导线或电缆，而并不规定选用耐热导线或耐火导线。之所以这样规定，是因为火灾报警探测器传输线路主要是做早期报警用。在火灾初期阴燃阶段是以烟雾为主，不会出现火焰。探测器一旦早期进行报警就完成了使命。火灾发展到燃烧阶段时，火灾自动报警系统传输线路也就失去了作用。此时，若有线路损坏，火灾报警控制器因有火警记忆功能，故也不影响其火警部位显示。因此，火警报警探测器传输线路符合规定耐压即可。

3)重要消防设备(如消防水泵、消防电梯，防烟排烟风机等)的供电回路，采用耐火型电缆或采用其他防火措施，以达到防火配线要求。二类高低层建筑内的消防用电设备，宜采用阻燃型电线和电缆。

4)火灾自动报警系统传输线路的芯线截面选择，除满足自动报警装置技术条件要求外，还应满足机械强度的要求，导线的最小截面面积不应小于表4.5的规定。

5)火灾报警系统传输线路采用屏蔽电缆时，应采取穿金属管或封闭线槽保护方式布线。消防联动控制、自动灭火控制、通信、应急照明、紧急广播等线路，应采取金属管保护，并宜暗敷在非燃烧体结构内，其保护层厚度不应小于 30 mm。

表 4.5　线芯最小截面

类别	线芯最小截面面积/mm²	备注
穿管敷设的绝缘导线	1.00	
线槽内敷设的绝缘导线	0.75	
多芯电缆	0.50	
由探测器至区域报警器	0.75	多股铜芯耐热线
由区域报警器到集中报警器	1.00	单股铜芯线
水流指示器控制线	1.00	
湿式报警阀及信号阀	1.00	
排烟防火电源线	1.50	控制线>1.00 mm²
电动卷帘门电源线	2.50	控制线>1.50 mm²
消火栓箱控制按钮线	1.50	

6)横向敷设的报警系统传输线路如采用穿管布线时，不同防火分区的线路不宜穿入同一根管内，如探测器报警线路采用总线制(2线)时可不受此限。从接线盒、线槽等处引至探测器底座盒，控制设备接线盒、扬声器箱等的线路应加金属软管保护，但其长度不宜超过1.5 m。建筑物内横向布放暗埋管的管路，管径不宜大于 40 mm。不宜在管路内穿太多导线，同时还要顾及结构安全的要求，上述要求主要是为了便于管理和维修。消防联动控制系统的电力线路，考虑到它的重要性和安全性，其导线截面的选择应适当放宽，一般加大一级为宜。

在建筑物各楼层内布线时，由于线路种类和数量较多，并且布线长度在施工时也受限制，若太长，施工及维修都不便，特别是给维护线路故障带来困难。为此，在各楼层宜分别设置火警专用配线箱或接线箱(盒)。箱体宜采用红色标志，箱内采用端子板汇接各种导线，并应按不同用途，不同电压、电流类别等需要，分别设置不同的端子板。并将交、直流电压的中间继电器、端子板加保护罩进行隔离，以保证人身安全和设备完好，对提高火警线路的可靠性等方面都是必要的。

整个系统线路的敷设施工应严格遵守现行施工及验收规范的有关规定。

4. 消防联动控制设备与模块

(1)消防联动控制设备。

1)消防联动控制装置组成。由于建筑物的规模(体量)和功能不同，其消防联动控制设备的种类也不同，常见的消防联动控制设备主要由下列部分或全部控制装置组成：

①火灾报警控制器；

②自动灭火系统的控制装置；

③室内消火栓系统的控制装置；

④防烟、排烟系统及空调通风系统的控制装置；

⑤常开防火门、防火卷帘门的控制装置；

⑥电梯回降控制装置；

⑦火灾应急广播控制装置；

⑧火灾报警控制装置；

⑨消防通信设备；

⑩火灾应急照明与疏散指示标志的控制装置。

2)消防控制室对消防设备的控制要求。现代的大规模建筑都设置有消防控制室（消防控制中心），消防控制室对消防设备的控制一般具有以下要求：

①控制消防设备的启、停，并显示其工作状态。

②除自动控制外，还应能手动直接控制消防水泵、防烟和排烟风机的启、停。

③显示火灾报警、故障报警部位。

④应有显示被保护建筑的重要部位、疏散通道及消防设备所在位置的平面图和模拟图等。

⑤显示系统供电电源的工作状态。

⑥消防控制室应设置火灾警报装置与应急广播的控制装置，其控制程序应符合下列要求：

a. 二层及二层以上的楼层发生火灾，应先接通着火层及相邻的上下层；

b. 首层发生火灾，应先接通本层、二层及地下各层；

c. 地下室发生火灾，应先接通地下各层及首层；

d. 含多个防火分区的楼层，应先接通着火的防火分区及其相邻的防火分区。

⑦消防控制室的消防通信设备，应符合下列规定：

a. 消防控制室与值班室、消防水泵房、变配电室、主要通风和空调机房、排烟机房、电梯机房、消防电梯轿厢以及与消防联动控制设备有关且经常有人值班的机房、灭火系统操作装置处或控制室等处应设置消防专用电话分机；

b. 手动报警按钮、消火栓按钮等处宜设置电话塞孔；

c. 消防控制室内应设置向当地公安消防部门直接报警的外线电话；

d. 特级保护对象建筑物各避难层应每隔 20 m 设置一个火警专用电话分机或电话塞孔。

⑧消防控制室在确认火灾后，应能切断该部位的非消防电源，并接通警报装置及火灾应急照明灯和疏散标志灯。

⑨消防控制室在确认火灾后，应能控制电梯全部停于首层，并接收其反馈信号。

⑩消防控制室在确认火灾后，应能解除所有疏散通道上的门禁控制功能。

3)消防控制设备的功能。消防控制设备要满足火灾报警与消防联动的控制要求，就需要具有一定的自动控制功能和显示工作状态的功能，消防控制设备应有下列控制、显示功能：

①消防控制设备对室内消火栓系统应有下列控制、显示功能：

a. 控制消防水泵的启、停；

b. 显示消防水池的水位状态、消防水泵的电源状态；

c. 显示消防水泵的工作、故障状态；

d. 显示启泵按钮启动的位置。

②消防控制设备对自动喷水和水喷雾灭火系统应有下列控制、显示功能：

a. 控制系统的启、停；

b. 显示消防水池的水位状态、消防水泵的电源状态；

c. 显示消防水泵的工作、故障状态；

d. 显示水流指示器、报警阀、安全信号阀的工作状态。

③消防控制设备对气体灭火系统应有下列控制、显示功能：

a. 显示系统的手动、自动工作状态；

b. 在报警、喷射各阶段，控制室应有相应的声、光警报信号，并能手动切除声响信号；

c. 在延时阶段，应自动关闭防火门、窗，停止通风空调系统，关闭有关部位的防火阀；

d. 被保护场所主要进出入口处，应设置手动紧急启、停控制按钮；

e. 主要出入口上方应设气体灭火剂喷放指示标志灯及相应的声、光警报信号；

f. 宜在防护区外的适当部位设置气体灭火控制盘的组合分配系统及单元控制系统；

g. 气体灭火系统防护区的报警、喷放及防火门（帘）、通风空调等设备的状态信号应送至消防控制室。

④消防控制设备对泡沫灭火系统应有下列控制、显示功能：

a. 控制泡沫泵及消防水泵的启、停；

b. 控制泡沫灭火系统有关电动阀门的开启、关闭；

c. 显示系统的工作状态。

⑤消防控制设备对干粉灭火系统应有下列控制、显示功能：

a. 控制系统的启、停；

b. 显示系统的工作状态。

⑥消防控制设备对常开防火门的控制应符合下列要求：

a. 防火门任一侧的火灾探测器报警后，防火门应自动关闭；

b. 防火门关闭信号应送到消防控制室。

⑦消防控制设备对防火卷帘的控制应符合下列要求：

a. 疏散通道上的防火卷帘两侧，应设气体灭火系统置感烟、感温火灾探测器及其警报装置，且两侧应设置手动控制按钮；

b. 疏散通道上的防火卷帘，应按下列程序自动控制下降；感烟探测器动作后卷帘下降至地面 1.8 m；感温探测器动作后，卷帘下降到底；

c. 用作防火分隔的防火卷帘、火灾探测器后卷帘应下降到底；

d. 感烟、感温探测器的报警信号及防火卷帘的关闭信号应送至消防控制室。

⑧火灾报警后，消防控制设备对防烟、排烟设施，应有下列控制、显示功能：

a. 停止有关部位的空调机、送风机，关闭电动防火阀并接收其反馈信号；

b. 启动有关部位的防烟、排烟风机、排烟阀等，并接收其反馈信号；

c. 控制防烟垂壁等防烟设施。

火灾报警与消防联动的控制关系，如图 4.5 所示。

（2）功能模块。消防联动控制设备的工作状态需要由火灾报警控制器实现自动控制，也可以由人工直接控制。将消防联动设备的工作状态信息（接通或断开）通过报警总线，反馈到火灾报警控制器的器件，称为模块。

在火灾报警控制系统中，每个模块可以有独立的地址编码。将消防联动设备的工作状态信息传递给火灾报警控制器，称为输入模块；将火灾报警控制器发出的动作信息传递给消防联动设备，称为输出模块；将火灾报警控制器发出的动作信息传递给消防联动设备，又将消防联动设备的工作状态变化信息传递给火灾报警控制器的，称为输入/输出模块；单独的输出模块很少用。由于不同厂家的火灾报警控制器系统的模块种类有所不同，此处以

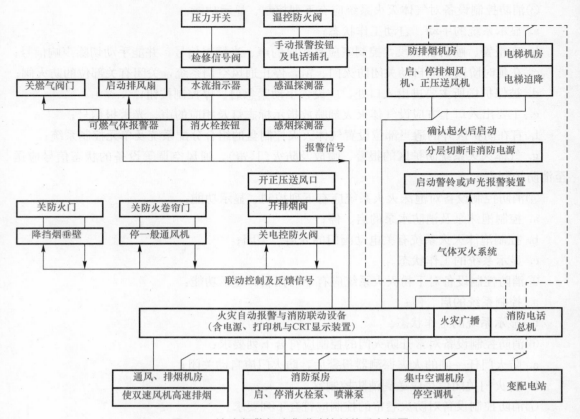

图 4.5 火灾报警与消费联动控制关系方框图

GST（海湾）系列产品的模块组成作为案例，了解模块的基本情况，该系列产品可采用电子编码器完成编码设置，电子编码器相当于电视机的遥控器，安装后可一次性编码。

各信息点（火灾探测器、火灾报警按钮或控制模块等）的安装底座上都设置有编码电路和编码开关，编码开关多数为 7 位，采用二进制方式编码（也有其他的编码方式），每个位置的开关代表的数字为 2^{n-1}，即 1、2、3、4、5、6、7 位开关分别对应的数字为 1、2、4、8、16、32、64。当分别合上不同位置的开关，再将其代表的数字累加起来，就代表其地址编码位置号，7 位编码开关可以编到 127 号。

例如，某个火灾探测器底座合上的是 2、5、7 位置的开关，其数字为：$2^{(2-1)}+2^{(5-1)}+2^{(7-1)}=2+16+64=82$，其地址码为 82 号。因此，在设计和安装时，只要将该条回路的编制单元（信息点）编成不同的地址码，与总线制的火灾报警控制器组合，就能实现火灾报警与消防联动的控制功能了。

当发生火灾时，某个火灾探测器电路导通，报警总线就有较大的电流通过（毫安级），火灾报警控制器接到信息，再用数字脉冲巡检，对应的火灾探测器就能将其数字脉冲接收，火灾报警控制器就可以知道是哪个火灾探测器报警。没有发生火灾时，火灾报警控制器也在发数字脉冲进行巡检，通过不同的反馈信息，就可以得出某个火灾探测器是否报警、有故障及丢失等。

一般编址型火灾探测器价格高于非编址型，为了节省投资，采用编址型与非编址型混合应用的情况在开关量火灾报警系统中比较常见。再者，为了使每条回路的保护面积增大，或者有的房间探测区域虽然比较大，但只需要报一个地址号，即数个探测器共用一个地址号并联使用。混用连接一般是采用母底座带子底座方式，只有母底座安装有编码开关，也就是子底座的信息是通过母底座传递的，几个火灾探测器共用一个地址号，一个母底座所带的子底座一般不超过4个。

4.2.2 FAS火灾报警与消防联动工程计量与计价

1. FAS火灾报警与消防联动工程量计算

（1）FAS设施及设备。FAS设施及设备：火灾探测、火灾报警、火灾广播、火警电话、事故照明、灭火设施、防排烟设施、防火卷帘门、监视器、消防电梯及非消防电源的断电装置等，按设计图示数量以"个/台/套"计量。

（2）FAS信号传输网络。配管配线、线槽、桥架等均按设计图示尺寸以长度"m"计量，不扣除各类箱盒所占长度。

（3）FAS的检测调试。FAS检测调试工程量，按下述方式划分：自动报警系统装置，以控制的点数不同以"系统"计量；水灭火系统控制装置，以控制的点数不同以"系统"计量；气体灭火系统控制装置，以气体储存容器的规格不同，以容器的"个"数计算；泡沫灭火器系统控制装置，按批准的施工方案进行计算。

2. 防雷接地工程定额、清单的内容及注意事项

（1）定额内容。电气照明安装工程使用的是《广东省安装工程综合定额（2010版）》第七册《消防安装工程》中的第1章"火灾自动报警系统安装"及第6章"消防系统调试"中的相关内容。具体内容见表4.6。

表4.6 第七册《消防安装工程》定额项目设置部分内容

章目	章节内容
第1章 火灾自动报警 系统安装	包括探测器安装、按钮安装、模块（接口）及扩容回路卡安装、报警控制器安装、联动控制器安装、报警联动一体机安装、重复显示器及报警装置及远程控制器安装、火灾事故广播安装、消防通信及报警备用电源安装
第6章 消防系统调试	包括自动报警系统装置调试、水灭火系统控制装置调试、火灾事故广播及消防通信及消防电梯系统装置调试、电动防火门及防火卷帘门控制系统调试、正压送风阀及排烟阀及防火阀控制系统调试、正压送风阀及排烟阀、防火阀控制系统调试、气体灭火系统装置调试

（2）定额使用注意事项。

1）点型探测器区分线制的不同，分为多线制与总线制，不分规格、型号、安装方式与位置，按设计图示数量以个计算；线型探测器不分安装方式、线制及保护形式，按设计图示数量以m计算。

2）点型探测器安装包括探头和底座的安装及本体调试。

3）第1章"火灾自动报警系统安装"定额中均包括校线、接线盒本体调试。

4）第1章"火灾自动报警系统安装"定额不包括以下工作内容：

①设备支架、底座、基础的制作与安装；

②构件加工、制作；

③电机检查、接线及调试；

④事故照明及疏散指示调控装置安装；

⑤CRT彩色显示装置安装。

（3）清单内容。电气照明安装工程清单计价使用的是《建设工程工程量清单计价规范》（GB 50500—2013）、《通用安装工程工程量计算规范》（GB 50856—2013）中的"J.4火灾自动报警系统""J.5消防系统调试"中的相关内容。具体内容见表4.7。

表4.7 《通用安装工程工程量计算规范》（GB 50856—2013）部分项目设置内容

项目编码	项目名称	分项工程项目
030904	火灾自动报警系统	包括点型探测器、线型探测器、按钮、消防警铃、声光报警器、消防报警电话插孔（电话）、消防广播（扬声器）、模块（模块箱）、区域报警控制箱、联动控制箱、远程控制箱（柜）、火灾报警系统控制主机、联动控制主机、消防广播及对讲电话主机（柜）、火灾报警控制微机（CRT）、备用电源及电池主机（柜）、报警联动一体机
030905	消防系统调试	包括自动报警系统调试、水灭火控制装置调试、防火控制装置调试、气体灭火系统装置调试

（4）清单使用注意事项：

1）消防报警系统配管、配线、接线盒均按《通用安装工程工程量计算规范》（GB 50856—2013）中附录D电气设备安装工程。

2）消防广播及对讲电话主机包括功放、录音机、分配器、控制柜等设备。

3）点型探测器包括火焰探测器、烟感探测器、温感探测器、红外光束、可燃气体探测器等。

4）自动报警系统调试包括各种探测器、报警器、报警按钮、报警控制器、消防广播、消防电话等的调试。

4.2.3 案例分析

1. 工程概况

某综合楼，建筑总面积为7 000 m²，总高度为31.80 m，其中主体檐口至地面高度为23.80 m，各层基本数据见表4.8，工程图如图4.6～图4.10所示。

表4.8 某综合楼基本数据

层数	面积/mm²	层高/m	主要功能
B1	915	3.40	汽车库、泵房、水池、配电室
1	935	3.80	大堂、服务、接待
2	1 040	4.00	餐饮
3～5	750	3.20	客房
6	725	3.20	客房、会议室
7	700	3.20	客房、会议室
8	170	4.60	机房

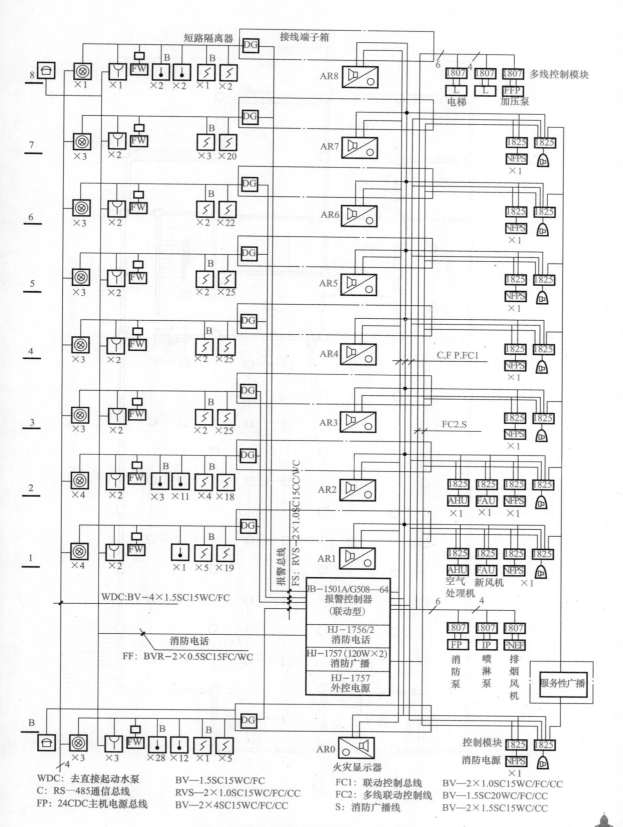

图 4.6 火灾报警与消防联动控制系统图

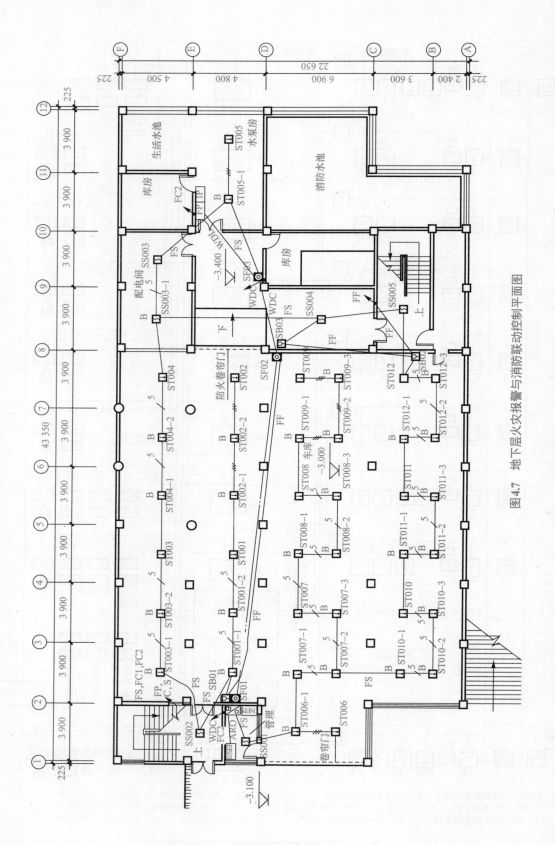

图 4.7　地下层火灾报警与消防联动控制平面图

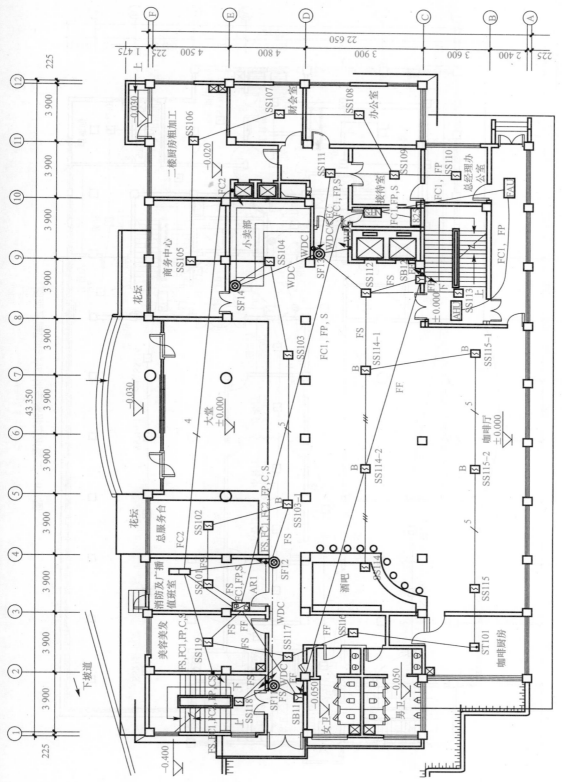

图 4.8　一层火灾报警与消防联动控制平面图

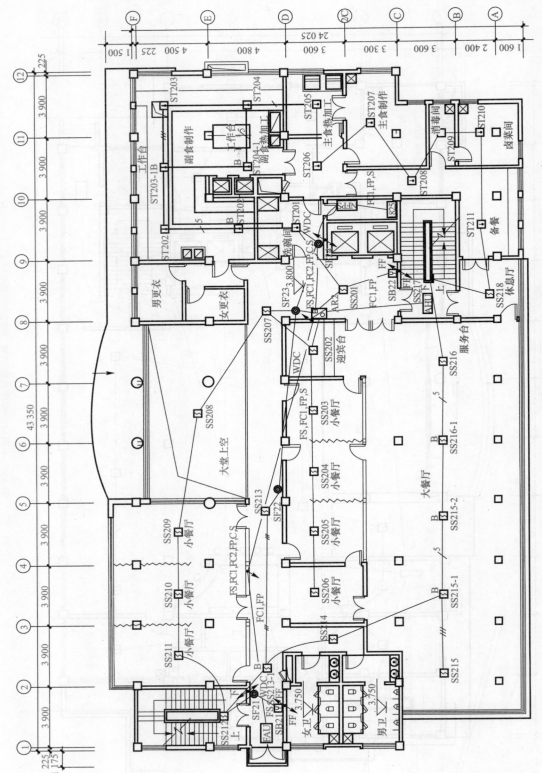

图 4.9 二层火灾报警与消防联动控制平面图

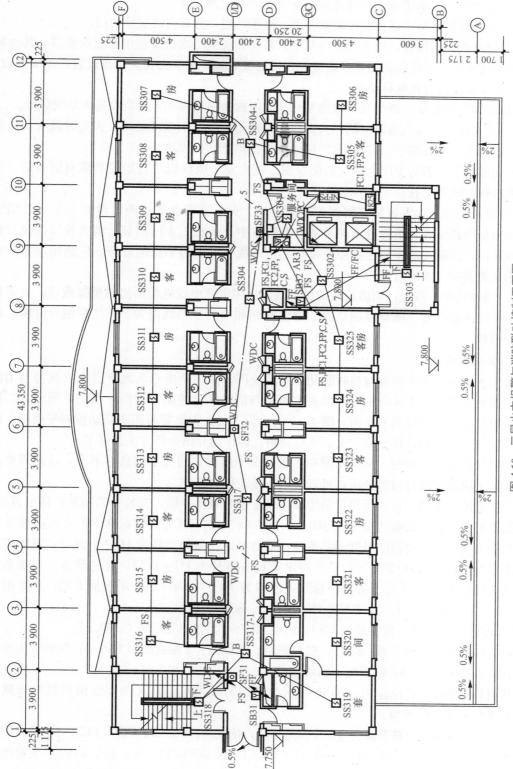

图 4.10 三层火灾报警与消防联动控制平面图

（1）保护等级：本建筑火灾自动报警系统保护对象为二级。

（2）消防控制室与广播音响控制室合用，位于一层，并有直通室外的门。

（3）设备选择与设置：地下层的汽车库、泵房和楼顶冷冻机房选用感温探测器，其他场所选感烟探测器。客房层火灾显示盘设置在楼层服务间，一层火灾显示盘设置在总服务台，二层火灾显示盘设置在电梯前室。

（4）联动控制要求：消防泵、喷淋泵和消防电梯为多线联动，其余设备为总线联动。

（5）火灾应急广播与消防电话：火灾应急广播与背景音乐系统共用，火灾时强迫切换至消防广播状态，平面图中竖井内 1825 模块即为扬声器切换模块。

消防控制室设消防专用电话，消防泵房、配电室、电梯机房设固定消防对讲电话、手动报警按钮带电话塞孔。

（6）设备安装：火灾报警控制器为柜式结构。火灾显示盘底边距离地面 1.5 m 挂墙安装，探测器吸顶安装，消防电话和手动报警按钮中心距地 1.4 m 暗装，消火栓按钮设置在消火栓箱内，控制模块安装在被控设备控制柜内或与其上边平行的近旁。应急扬声器与背景音乐系统共用，火灾时强切。

（7）线路选择与敷设：消防设备的供电线路采用阻燃电线电缆沿阻燃桥架敷设。火灾自动报警系统传输线路、联动控制线路、通信线路和应急照明线路为 BV 线穿钢管沿墙、地和楼板暗敷。

2. 系统图分析

图 4.6 所示为火灾报警与消防联动控制系统图，图 4.7 所示为地下层火灾报警与消防联动控制平面图，图 4.8 所示为一层火灾报警与消防联动控制平面图，图 4.9 所示为二层火灾报警与消防联动控制平面图，图 4.10 所示为三层火灾报警与消防联动控制平面图。四层、五层与三层相同，缺少六、七、八层资料，但作为介绍分析方法足够了。

本案例共给出 5 张图。从 5 张图和工程概况中所得到的文字信息并不多，这就需要从系统图和平面图中进行对照分析，可以得到一些工程信息。

从系统图中可知，火灾报警与消防联动设备是安装在一层，安装在消防及广播值班室。火灾报警与联动控制设备的型号为 JB1501A/G508—64，JB 为国家标准中的火灾报警控制器，其他多为产品开发商的系列产品编号；消防电话设备的型号为 HJ—1756/2；消防广播设备型号为 HJ—1757（120W×2）；外控电源设备型号为 HJ—1752，这些设备一般都是产品开发商配套的。JB 共有 4 条回路总线，可编为 JN1～JN4，JN1 用于地下层，JN2 用于 1、2、3 层，JN3 用于 4、5、6 层，JN4 用于 7、8 层。

（1）配线标注情况。报警总线 FS 标注为：RVS—2×1.0 SC15CC/WC。

对应的含义为：软导线（多股）、塑料绝缘、双绞线；2 根截面为 1 mm²；保护管为水煤气钢管，直径为 15 mm；沿顶棚、沿墙暗敷。

其消防电话线 FF 标注为：BVR—2×0.5SC15FC/WC。BVR 为布线用塑料绝缘软导线，其他与报警总线类似。

火灾报警控制器的右手面也有 5 个回路标注，依次为：C，FP，FC1，FC2，S。对应图的下面依次说明。C：RS—485 通信总线 RVS—2×1.0SC15WC/FC/CC；FP：24VDC 主机电源总线 BV—2×4SC15WC/FC/CC；FC1：联动控制总线 BV—2×1.0SC15WC/FC/CC；FC2：多线联动控制线 BV—1.5SC20WC/FC/CC；S：消防广播线 BV—2×1.5SC15WC/CC。这些标注

比较详细，较好理解。

在火灾报警与消防联动系统中，最难懂的是多线联动控制线，所谓消防联动主要指这部分，而这部分的设备是跨专业的，如消防水泵、喷淋泵的启动；防烟设备的关闭，排烟设备的打开；工作电梯轿厢下降到底层后停止运行，消防电梯投入运行等，究竟有多少需要联动的设备，在火灾报警与消防联动的平面图上是不进行表示的，只有在动力平面图中才能表示出来。

在系统图中，多线联动控制线的标注为：BV—1.5SC20WC/FC/CC；多线，即不是一根线，究竟为几根线就要看被控制设备的点数了，从系统图中可以看出，多线联动控制线主要是控制在1层的消防泵、喷淋泵、排烟风机(消防泵、喷淋泵、排烟风机实际是安装在地下层)，其标注为6根线，在8层有2台电梯和加压泵，其标注也是6根线，应该标注的是2(6×1.5)，但究竟为多长，只有在动力平面图中才能找到各个设备的位置。

(2)接线端子箱。从系统图中可以知道，每层楼安装一个接线端子箱，端子箱中安装有短路隔离器DG，其作用是当某一层的报警总线发生短路故障时，将发生短路故障的楼层报警总线断开，就不会影响其他楼层的报警设备正常工作了。

(3)火灾显示盘AR(复视屏)。每层楼安装一个，可以显示对应的楼层，显示盘接有RS—485通信总线，报警与联动设备可以将信息传送到显示盘AR上，显示火灾发生的楼层。显示盘因为有灯光显示，所以还要接主机电源总线FP。

(4)消火栓箱报警按钮。消火栓箱报警按钮也是消防泵的启动按钮(在应用喷水枪灭火时)，消火栓箱是人工用喷水枪灭火最常用的方式。当人工用喷水枪灭火时，如果给水管网压力低，就必须启动消防泵，消火栓箱报警按钮是击碎玻璃式(或有机玻璃)，将玻璃击碎(也有按压式，需要专用工具将其复位)，按钮将自动接通消防泵的控制电路，及时启动消防水泵(如过早启动水泵，喷水枪的压力会太高，使消防人员无法手持水枪)。同时，也通过报警总线向消防报警中心传递信息。因此，每个报警按钮也占用一个地址码。

在该系统图中，纵向第2排图形符号为消火栓箱报警按钮，×3代表地下层有3个消火栓箱，如图4.6所示，报警按钮的编号为SF01、SF02、SF03。消火栓箱报警按钮的连接线为4根线，为什么？这是因为消火栓箱内还有水泵启动指示灯，而指示灯的电压为直流24 V的安全电压，因此形成了2个回路，每个回路仍然是2线。线的标注是WDC：去直接启动泵。同时，每个消火栓箱报警按钮也与报警总线相接。

(5)火灾报警按钮。此按钮是人工向消防报警中心传递信息的一种方式。一般要求在防火区的任何地方至火灾报警按钮不超过30 m，纵向第3排图形符号是火灾报警按钮。火灾报警按钮也是击碎玻璃式或按压玻璃式。发生火灾而需要向消防报警中心报警时，击碎火灾报警按钮玻璃就可以通过报警总线向消防中心传递信息。每一个火灾报警按钮也占一个地址码。×3代表地下层有3个火灾报警按钮，如图4.6所示，火灾报警按钮的编号为SB01、SB02、SB03。同时，火灾报警按钮也与消防电话线FF连接，每个火灾报警按钮板上都设置有电话插孔，插上消防电话就可以使用，其8层纵向第1个图形符号就是电话符号。火灾报警按钮与消火栓箱报警按钮是不能相互替代的，火灾报警按钮是可以实现早期人工报警的；而消火栓箱报警按钮只在应用喷水枪灭火时，才能进行人工报警。

(6)水流指示器。纵向第4排图形符号是水流指示器FW，每层楼一个。由此可以推断出，该建筑每层楼都安装有自动喷淋灭火系统。火灾发生超过一定温度时，自动喷淋灭火的闭式喷头感温元件熔化或炸裂，系统将自动喷水灭火，此时需要启动喷淋泵加压。水流指示器安装在喷淋灭火给水的支干管上，当支干管有水流动时（即喷头感温元件熔裂喷水灭火时），其水流指示器的电触点闭合，通过控制模块接入报警总线，向消防报警中心传递信息。每一个水流指示器也占一个地址码。同时，启动喷淋泵给管道的水加压（喷淋泵是通过压力开关启动加压的）。水流指示器与控制模块在平面图的位置没有定，所以平面图上暂时无设备的连接线。

（7）感温火灾探测器。在地下层、1层、2层、8层安装有感温火灾探测器。感温火灾探测器主要应用在火灾发生时，很少产生烟或平时可能有烟的场所，例如车库、餐厅等地方。纵向第5排图形符号上标注B的为子座，6排没有标注B的为母座，如图4.7所示，编码为ST012的母座带有3个子座，分别编码为ST012—1、ST012—2、ST012—3，此4个探测器只有一个地址码。子座接到母座是另外接的3根线，ST是感温火灾探测器的文字符号。有的系统子座接到母座是2根线。

（8）感烟火灾探测器。该建筑应用的感烟火灾探测器数量比较多，7排图形符号上标注B的为子座，8排没有标注B的为母座，SS是感烟火灾探测器的文字符号。

（9）其他消防设备。系统图的右面基本上是联动设备，而1807、1825是控制模块，该控制模块是将报警控制器送出的控制信号放大，再控制需要动作的消防设备。空气处理机AHU和新风机FAU是中央空调设备，发生火灾时，要求其停止运行，控制模块1825就是通知其停止运行的信号。新风机FAU共有2台，在一层是安装在右侧楼梯走廊处，在二层是安装在左侧楼梯前厅。消防电源切换配电箱和消防广播切换箱安装在电梯井道后面的电气井的配电间内，火灾发生时需要切换消防电源，消防电源切换箱的文字代号为NFPS。广播有服务广播和消防广播，两者的扬声器合用，发生火灾时切换成消防广播。消防广播切换箱在平面图上用1825模块替代。

3. 平面图配线基本情况分析

在系统图中，已经了解到该建筑火灾报警与消防联动系统的报警设备等的种类、数量和连接导线的功能、数量、规格及敷设方式。系统图中的报警设备只反映某层有哪些设备，没有反映设备的具体位置，其连接导线的走向也不清楚，但系统图可以帮助我们阅读理解平面图。

阅读平面图时，要从消防报警中心开始。消防报警中心在一层，将其与本层及上、下层之间的连接导线走向关系搞清楚，就容易理解工程情况了。在系统图中，我们已经知道连接导线按功能分共有8种，即FS、FF、FC1、FC2、FP、C、S和WDC。其中，来自消防报警中心的报警总线FS必须先进各楼层的接线端子箱（火灾显示盘AR）后，再向其编址单元配线；消防电话线FF只与火灾报警按钮有连接关系；联动控制总线FC1只与控制模块1825所控制的设备有连接关系；联动控制线FC2只与控制模块1807所控制的设备有连接关系；通信总线C只与火灾显示盘AR有连接关系；主机电源总线FP与火灾显示盘AR和控制模块1825所控制的设备有连接关系；消防广播线S只与控制模块1825中的扬声器有连接关系。而控制线WDC只与消火栓箱报警按钮有连接关系，再配到消防泵，与消防报警中心无关系。

从图4.7的消防报警中心可以知道，在控制柜的图形符号中，共有4条线路向外配线，为了分析方便，我们编成N1、N2、N3、N4。其中，N1配向②轴线（为了文字分析简单，只说明在较近的横向轴线，不考虑纵向轴线，读者可以在对应的横轴线附近找），有FS、

FC1、FC2、FP、C、S6种功能的导线，再向地下层配线；N2配向③轴线，本层接线端子箱（火灾显示盘AR1），再向外配线，通过全面分析可以知道，有FS、FC1、FP、S、FF、C6种功能线；N3配向④轴线，再向二层配线，有FS、FC1、FC2、FP、S、C6种功能线；N4配向⑩轴线，再向地下层配线，只有FC2一种功能的导线（4根线）。这4条线路都可以沿地面暗敷设。其他楼层平面图分析方法类似，篇幅有限，不再赘述。

4.3 任务实施

任务一：某商场珠宝首饰厅火灾报警工程计量与计价

（1）工程量计算见表4.9。

表4.9 某商场珠宝首饰厅火灾报警工程量计算表

序号	工程项目	单位	计算式	数量	备注
1	火灾区域报警器AR	台		1	
2	防火卷帘安装	m²	(2.1×1.8)×2	7.56	
3	防火卷帘调试	处		2	
4	手动火灾报警按钮	个		2	
5	点型探测器安装——感温	个		2	
6	点型探测器安装——感烟	个		2	
7	金属软管（DN20）	m	0.3×6	1.8	应急灯和报警探测器一样
8	RC20管暗敷	m	3×3+4×2+4.5-1.5-0.52＝19.48(4)+3×2+1.5×2+4×3+(4.5-1.5)×2＝27(2)	46.48	
9	管内穿线BV-1.5	m	[19.48+(0.52+0.8)]×4+27×2	137.2	
10	消防应急照明灯MD90	套		2	
11	探测器及应急灯接线盒安装（吊顶明装）	个		6	应急灯+探测器
12	探测器及应急灯接线盒安装（顶棚内暗敷）	个		9	应急灯+探测器+拐弯且分支
13	自动报警系统装置调试	系统		1	

（2）分部分项工程和单价措施项目清单与计价表见表4.10。

表4.10 分部分项工程和单价措施项目清单与计价表

序号	项目编码	项目名称	项目特征描述	计量单位	工程量	综合单价	合价	其中人工费	其中暂估价
						金额/元			
1	030904009001	区域报警控制箱	1. 总线制 2. 暗敷挂式 3. 四点	台	1.00	3 155.04	3 155.04	805.77	—

序号	项目编码	项目名称	项目特征描述	计量单位	工程量	金额/元			
						综合单价	合价	其中人工费	其中暂估价
2	010803002001	防火卷帘(闸)门	1.2 100×1 800 2. 材质：无机防火纤维 3. 防火等级 F4	m²	7.56	526.09	3 977.24	584.87	—
3	080903022001	电动防火门、防火卷帘门调试	防火卷帘门调试	处	2.00	306.42	612.84	312.08	
4	030904003001	按钮	手动火灾报警按钮	个	2.00	192.33	384.66	85.93	—
5	030904001001	点型探测器	1. 探测器 2. 四总线 3. 感烟	个	2.00	136.00	272.00	59.96	
6	030904001002	点型探测器	1. 感温探测器 2. 四总线	个	2.00	124.87	249.74	59.96	
7	030411001001	配管	1. 金属软管 2. DN20 3. 吊顶内敷设	m	1.80	160.03	288.05	81.19	
8	030411001002	配管	1. 镀锌钢管 2. DN20 3. 顶棚内暗敷	m	46.48	23.05	1 071.36	294.06	
9	030411004001	配线	1. 管内穿线 2. 消防报警总线 3. BV—1.5 mm² 铜质导线 4. 沿墙、板暗敷 5. 三相五线制：单芯硬质	m	137.20	2.64	362.21	127.41	—
10	030412005001	荧光灯	1. 消防应急照明灯 MD90 2. 吸顶安装	套	2.00	164.50	329.00	48.51	—
11	030411006001	接线盒	1.AH 防爆不锈钢接线盒 2. 吊顶内敷设	个	6.00	38.34	230.04	70.08	—
12	030411006002	接线盒	1. 探测器及应急灯接线盒 2. 顶棚内暗敷	个	9.00	30.10	270.90	38.67	
13	030905001001	自动报警系统调试	1. 四点 2. 四总线	系统	1.00	9 641.34	9 641.34	3 198.51	—
		本页小计					20 844.42	5 767.00	
		合计					20 844.42	5 767.00	

(3)综合单价分析表见表 4.11～表 4.23。

表 4.11 综合单价分析表(1)

工程名称：某商场珠宝首饰厅火灾报警系统　　　　标段：　　　　　　　　第 页 共 页

项目编码	030904009001	项目名称	区域报警控制箱	计量单位	台	工程量	1.00

<table>
<tr><td colspan="12" align="center">清单综合单价组成明细</td></tr>
<tr><td rowspan="2">定额编号</td><td rowspan="2">定额名称</td><td rowspan="2">定额单位</td><td rowspan="2">数量</td><td colspan="4" align="center">单价</td><td colspan="4" align="center">合价</td></tr>
<tr><td>人工费</td><td>材料费</td><td>机械费</td><td>管理费和利润</td><td>人工费</td><td>材料费</td><td>机械费</td><td>管理费和利润</td></tr>
<tr><td>C7-1-21</td><td>报警控制器安装总线制(壁挂式)200 点以下</td><td>台</td><td>1.00</td><td>6.395×126=805.77</td><td>39.72×4.2=166.82</td><td>145.09×3.5=507.82</td><td>805.77×(0.241 5+0.18)=339.63</td><td>805.77</td><td>166.82</td><td>507.82</td><td>339.63</td></tr>
<tr><td colspan="2" align="center">人工单价</td><td colspan="6" align="center">小计</td><td>805.77</td><td>166.82</td><td>507.82</td><td>339.63</td></tr>
<tr><td colspan="2" align="center">126 元/工日</td><td colspan="6" align="center">未计价材料费</td><td colspan="4" align="center">1 335</td></tr>
<tr><td colspan="4" align="center">清单项目综合单价</td><td colspan="8" align="center">(805.77+166.82+507.82+339.63+1 335)÷1=3 155.04 元/台</td></tr>
<tr><td rowspan="4" align="center">材料费明细</td><td colspan="3" align="center">主要材料名称、规格、型号</td><td align="center">单位</td><td align="center">数量</td><td align="center">单价/元</td><td align="center">合价/元</td><td colspan="2" align="center">暂估单价/元</td><td colspan="2" align="center">暂估合价/元</td></tr>
<tr><td colspan="3" align="center">火灾区域报警器(JB-QB-TC5160)</td><td align="center">台</td><td align="center">1</td><td align="center">1 335</td><td align="center">1 335</td><td colspan="2"></td><td colspan="2"></td></tr>
<tr><td colspan="5" align="center">其他材料费</td><td align="center">—</td><td colspan="2"></td><td colspan="2"></td></tr>
<tr><td colspan="5" align="center">材料费小计</td><td align="center">—</td><td align="center">1 335</td><td colspan="2"></td><td colspan="2"></td></tr>
</table>

表 4.12 综合单价分析表(2)

工程名称：某商场珠宝首饰厅火灾报警系统　　　　标段：　　　　　　　　第 页 共 页

项目编码	010803002001	项目名称	防火卷帘(闸)门	计量单位	m²	工程量	7.56

<table>
<tr><td colspan="12" align="center">清单综合单价组成明细</td></tr>
<tr><td rowspan="2">定额编号</td><td rowspan="2">定额名称</td><td rowspan="2">定额单位</td><td rowspan="2">数量</td><td colspan="4" align="center">单价</td><td colspan="4" align="center">合价</td></tr>
<tr><td>人工费</td><td>材料费</td><td>机械费</td><td>管理费和利润</td><td>人工费</td><td>材料费</td><td>机械费</td><td>管理费和利润</td></tr>
<tr><td>C7-5-19</td><td>防火卷帘安装</td><td>m²</td><td>7.56</td><td>77.364</td><td>66.108</td><td>6.615</td><td>32.07</td><td>584.87</td><td>499.78</td><td>50.01</td><td>246.51</td></tr>
<tr><td></td><td></td><td></td><td></td><td></td><td></td><td></td><td></td><td></td><td></td><td></td><td></td></tr>
<tr><td colspan="2" align="center">人工单价</td><td colspan="6" align="center">小计</td><td>584.87</td><td>499.78</td><td>50.01</td><td>246.51</td></tr>
<tr><td colspan="2" align="center">126 元/工日</td><td colspan="6" align="center">未计价材料费</td><td colspan="4" align="center">2 596.1</td></tr>
<tr><td colspan="4" align="center">清单项目综合单价</td><td colspan="8" align="center">526.09</td></tr>
<tr><td rowspan="4" align="center">材料费明细</td><td colspan="3" align="center">主要材料名称、规格、型号</td><td align="center">单位</td><td align="center">数量</td><td align="center">单价/元</td><td align="center">合价/元</td><td colspan="2" align="center">暂估单价/元</td><td colspan="2" align="center">暂估合价/元</td></tr>
<tr><td colspan="3" align="center">无机防火纤维</td><td align="center">m²</td><td align="center">7.56×1.01=7.635 6</td><td align="center">340</td><td align="center">2 596.10</td><td colspan="2"></td><td colspan="2"></td></tr>
<tr><td colspan="5" align="center">其他材料费</td><td align="center">—</td><td colspan="2"></td><td colspan="2"></td></tr>
<tr><td colspan="5" align="center">材料费小计</td><td align="center">—</td><td align="center">2 596.10</td><td colspan="2"></td><td colspan="2"></td></tr>
</table>

表 4.13　综合单价分析表(3)

工程名称：某商场珠宝首饰厅火灾报警系统　　　　　　标段：　　　　　　　第　页　共　页

项目编码	080903022001	项目名称	电动防火门、防火卷帘门调试		计量单位	处	工程量	2.00

清单综合单价组成明细

定额编号	定额名称	定额单位	数量	单价				合价			
				人工费	材料费	机械费	管理费和利润	人工费	材料费	机械费	管理费和利润
C7-6-12	防火卷帘门	10 处	0.20	1 560.38	367.58	478.52	657.70	312.08	73.52	95.70	131.54

人工单价		小计						312.08	73.52	95.70	131.54
126 元/工日		未计价材料费									
清单项目综合单价								306.42			

材料费明细	主要材料名称、规格、型号	单位	数量	单价/元	合价/元	暂估单价/元	暂估合价/元
	其他材料费				—		
	材料费小计				—		

表 4.14　综合单价分析表(4)

工程名称：某商场珠宝首饰厅火灾报警系统　　　　　　标段：　　　　　　　第　页　共　页

项目编码	030904003001	项目名称	按钮	计量单位	个	工程量	2.00

清单综合单价组成明细

定额编号	定额名称	定额单位	数量	单价				合价			
				人工费	材料费	机械费	管理费和利润	人工费	材料费	机械费	管理费和利润
C7-1-12	按钮安装	个	2.00	42.965	28.31	4.94	18.11	85.93	56.62	9.88	36.22

人工单价		小计						85.93	56.62	9.88	36.22
126 元/工日		未计价材料费						196.00			
清单项目综合单价								192.33			

材料费明细	主要材料名称、规格、型号	单位	数量	单价/元	合价/元	暂估单价/元	暂估合价/元
	手动火灾报警按钮 J—SA P—M—LD2000En	个	2.00	98.00	196.00		
	其他材料费				—		
	材料费小计				—	196.00	

表 4.15 综合单价分析表(5)

工程名称：某商场珠宝首饰厅火灾报警系统　　　　　　标段：　　　　　　　　第 页 共 页

项目编码	030904001001	项目名称		点型探测器		计量单位		个		工程量	2.00
清单综合单价组成明细											
定额编号	定额名称	定额单位	数量	单价				合价			
				人工费	材料费	机械费	管理费和利润	人工费	材料费	机械费	管理费和利润
C7-1-6	点型探测器安装总线制感烟	个	2.00	29.98	22.64	3.15	12.43	59.96	45.28	6.30	24.86
人工单价			小计					59.96	45.28	6.30	24.86
126 元/工日			未计价材料费					135.60			
清单项目综合单价								136.00			

材料费明细	主要材料名称、规格、型号	单位	数量	单价/元	合价/元	暂估单价/元	暂估合价/元
	感烟探测器型号：JTY—GM—JLDS1	个	2.00	67.80	135.60		
	其他材料费			—			
	材料费小计			—	135.60		

表 4.16 综合单价分析表(6)

工程名称：某商场珠宝首饰厅火灾报警系统　　　　　　标段：　　　　　　第 页 共 页

项目编码	030904001002	项目名称	点型探测器	计量单位	个	工程量	2.00

清单综合单价组成明细

定额编号	定额名称	定额单位	数量	单价				合价			
				人工费	材料费	机械费	管理费和利润	人工费	材料费	机械费	管理费和利润
C7-1-7	点型探测器安装总线制感温	个	2.00	29.98	22.76	0.70	12.43	59.96	45.52	1.40	24.86
人工单价			小计					59.96	45.52	1.40	24.86
126元/工日			未计价材料费					118.00			
清单项目综合单价								124.87			

材料费明细	主要材料名称、规格、型号	单位	数量	单价/元	合价/元	暂估单价/元	暂估合价/元
	感烟探测器型号：JTW—ZOM—JLDT	个	2.00	59.00	118.00		
	其他材料费				—		
	材料费小计				—	118.00	

表 4.17 综合单价分析表(7)

工程名称：某商场珠宝首饰厅火灾报警系统　　　　标段：　　　　　　　　第 页 共 页

项目编码	030411001001	项目名称		配管		计量单位		m	工程量	1.80

清单综合单价组成明细

定额编号	定额名称	定额单位	数量	单价				合价			
				人工费	材料费	机械费	管理费和利润	人工费	材料费	机械费	管理费和利润
C2-11-174	金属软管敷设公称管径(20 mm以内)每根管长(500 mm以内)	10 m	0.18	451.08	585.86	0.00	190.13	81.19	105.45	0.00	34.22
人工单价			小计					81.19	105.45	0.00	34.22
126元/工日			未计价材料费					67.20			
		清单项目综合单价						160.03			

材料费明细	主要材料名称、规格、型号	单位	数量	单价/元	合价/元	暂估单价/元	暂估合价/元
	金属软管 DN20，0.3 m/根	根	6.00	11.20	67.20		
	其他材料费				—		
	材料费小计				—	67.20	

表 4.18　综合单价分析表(8)

工程名称:某商场珠宝首饰厅火灾报警系统　　　　　　标段:　　　　　　　　　　　第　页　共　页

项目编码	030411001002	项目名称		配管		计量单位		m	工程量	46.48

清单综合单价组成明细

定额编号	定额名称	定额单位	数量	单价				合价			
				人工费	材料费	机械费	管理费和利润	人工费	材料费	机械费	管理费和利润
C2-11-35	镀锌钢管砖、混凝土结构暗配公称直径(20 mm 以内)	100 m	0.464 8	632.65	519.96	0.00	266.39	294.06	241.68	0.00	123.82
	人工单价			小计				294.06	241.68	0.00	123.82
	126 元/工日			未计价材料费				412.03			
		清单项目综合单价						23.05			

材料费明细	主要材料名称、规格、型号	单位	数量	单价/元	合价/元	暂估单价/元	暂估合价/元
	镀锌钢管 DN20	t	46.48×1.03×1.76/1 000=0.084 26	4 890.00	412.03		
	其他材料费			—			
	材料费小计			—	412.03		

表 4.19　综合单价分析表(9)

工程名称：某商场珠宝首饰厅火灾报警系统　　　　　　标段：　　　　　　　　　第 页 共 页

项目编码	030411004001	项目名称	配线	计量单位	m	工程量	137.20

清单综合单价组成明细

定额编号	定额名称	定额单位	数量	单价				合价			
				人工费	材料费	机械费	管理费和利润	人工费	材料费	机械费	管理费和利润
C2-11-202	管内穿线 照明线路(铜芯)导线截面 (1.5 mm² 以内)	100 m 单线	1.372 0	92.864	68.59	0.00	39.14	127.41	94.11	0.00	53.70
人工单价		小计						127.41	94.11	0.00	53.70
126 元/工日		未计价材料费						87.53			
清单项目综合单价								2.64			

材料费明细	主要材料名称、规格、型号	单位	数量	单价/元	合价/元	暂估单价/元	暂估合价/元
	BV—1.5 单芯硬导线	m	137.2×1.16=159.15	0.55	87.53		
	其他材料费			—			
	材料费小计			—	87.53		

125

表 4.20 综合单价分析表(10)

项目编码	030412005001	项目名称		荧光灯		计量单位		套	工程量	2.00

清单综合单价组成明细

定额编号	定额名称	定额单位	数量	单价				合价			
				人工费	材料费	机械费	管理费和利润	人工费	材料费	机械费	管理费和利润
C2-12-158	标志、诱导装饰灯具吸顶式	10套	0.20	242.55	88.20	0.00	102.23	48.51	17.64	0.00	20.45
人工单价			小计					48.51	17.64	0.00	20.45
126元/工日			未计价材料费					242.40			
清单项目综合单价								164.50			

材料费明细	主要材料名称、规格、型号	单位	数量	单价/元	合价/元	暂估单价/元	暂估合价/元
	消防应急灯——型号BBD51	套	2×1.01＝2.02	120.00	242.40		
	其他材料费				—		
	材料费小计				—	242.40	

表 4.21　综合单价分析表(11)

工程名称：某商场珠宝首饰厅火灾报警系统　　　　　　标段：　　　　　　　　第 页 共 页

| 项目编码 | 030411006001 | 项目名称 | | 接线盒 | | 计量单位 | | 个 | | 工程量 | | 6.00 |

清单综合单价组成明细

定额编号	定额名称	定额单位	数量	单价				合价			
				人工费	材料费	机械费	管理费和利润	人工费	材料费	机械费	管理费和利润
C2-11-376	防爆接线盒明装	10 个	0.60	116.80	33.76	0.00	49.23	70.08	20.26	0.00	29.54

人工单价	小计		70.08	20.26	0.00	29.54
126 元/工日	未计价材料费			110.16		
清单项目综合单价				38.34		

材料费明细	主要材料名称、规格、型号	单位	数量	单价/元	合价/元	暂估单价/元	暂估合价/元
	AH 防爆不锈钢接线盒	个	6×1.02 =6.12	18.00	110.16		
	其他材料费			—			
	材料费小计			—	110.16		

表 4.22　综合单价分析表(12)

工程名称：某商场珠宝首饰厅火灾报警系统　　　　　　标段：　　　　　　　　第 页 共 页

| 项目编码 | 030411006002 | 项目名称 | | 接线盒 | | 计量单位 | | 个 | | 工程量 | | 9.00 |

清单综合单价组成明细

定额编号	定额名称	定额单位	数量	单价				合价			
				人工费	材料费	机械费	管理费和利润	人工费	材料费	机械费	管理费和利润
C2-11-374	接线盒暗装	10 个	0.90	42.97	56.28	0.00	18.11	38.67	50.65	0.00	16.30

人工单价	小计		38.67	50.65	0.00	16.30
126 元/工日	未计价材料费			165.24		
清单项目综合单价				30.10		

材料费明细	主要材料名称、规格、型号	单位	数量	单价/元	合价/元	暂估单价/元	暂估合价/元
	AH 防爆不锈钢接线盒	个	9×1.02=9.18	18.00	165.24		
	其他材料费			—			
	材料费小计			—	165.24		

表 4.23　综合单价分析表(13)

工程名称：某商场珠宝首饰厅火灾报警系统　　　　　标段：　　　　　　　　　　　第　页　共　页

项目编码	030905001001	项目名称	自动报警系统调试	计量单位		系统	工程量	1.00

清单综合单价组成明细

定额编号	定额名称	定额单位	数量	单价				合价			
				人工费	材料费	机械费	管理费和利润	人工费	材料费	机械费	管理费和利润
C7-6-1	自动报警系统装置调试 128 点以下	系统	1.00	3 198.51	992.38	4 102.28	1 348.17	3 198.51	992.38	4 102.28	1 348.17
人工单价			小计					3 198.51	992.38	4 102.28	1 348.17
126 元/工日			未计价材料费								
清单项目综合单价								9 641.34			

材料费明细	主要材料名称、规格、型号				单位	数量	单价/元	合价/元	暂估单价/元	暂估合价/元
	其他材料费						—			
	材料费小计						—			

(4)单位工程投标报价计算汇总表见表 4.24。

表 4.24　单位工程投标报价计算汇总表

序号	汇总内容	金额/元	其中		
			暂估价/元	安全文明施工费/元	规费/元
1	分部分项工程	20 844.42			
1.1	略				
1.2	略				
……	略				
2	措施项目	1 532.29+288.35=1 820.64			
2.1	安全文明施工费等	5 767×26.57%=1 532.29		1 532.29	
2.2	脚手架工程等	5 767×5%=288.35			
3	其他项目	2 501.33+1 000+1 000=4 501.33			
3.1	暂列金额	20 844.42×12%=2 501.33			

序号	汇总内容	金额/元	其中		
			暂估价/元	安全文明施工费/元	规费/元
3.2	专业工程暂估价	1 000			
3.3	计日工	130元/工日			
3.4	总包服务费	1 000			
4	规费	(1+2+3)×6.5%=1 765.82			
5	税金	(1+2+3+4)×3.41%=986.59			
6	投标报价合计	1+2+3+4+5=29 918.80			

习 题

一、单项选择题

1. 消防联动控制、自动灭火控制、通信、应急照明、紧急广播等线路应采取金属管保护,并宜暗敷在非燃烧体结构内,其保护层厚度不应小于( )mm。

参考答案

A. 15   B. 30

C. 45   D. 60

2. 高层建筑内的变配电所的消防灭火系统,一般选择( )系统。

A. 干式喷水   B. 水幕   C. 预作用喷水   D. 卤代烷

3. 感光火灾探测器的文字符号为( )。

A. G   B. W   C. Y   D. F

4. 火灾自动报警系统中,当采用矿物绝缘型耐火类电缆时,应( )。

A. 直接明敷设   B. 穿钢管暗敷

C. 沿电缆桥架敷设   D. 沿线槽敷设

5. 根据《广东省安装工程综合定额(2010版)》成套型消防广播控制柜安装,不分规格、型号,按( )计量,用定额第七册第一章相应项目。

A. 个   B. 台   C. 套   D. 只

6. 在火灾探测器的安装中,连接探测器的铜芯导线截面不小于( )mm^2。

A. 0.5   B. 0.75   C. 1   D. 1.5

7. 适用于扑救电气火灾的自动喷水灭火系统是( )。

A. 湿式灭火系统   B. 水喷雾灭火系统

C. 干式灭火系统   D. 预作用灭火系统

二、多项选择题

1. 消防监控系统由两部分组成,分别为火灾报警系统和( )。

A. 灭火系统   B. 消防联动系统

C. 保安系统   D. 给水排水联动系统

E. 火灾报警系统

2. 依据《通用安装工程工程量计算规范》(GB 50856—2013)，计算消防工程工程量时，下列装置按"组"计算的有(　　)。

A. 消防水炮   B. 报警装置

C. 末端试水装置   D. 温感式水幕装置

3. 依据《广东省安装工程综合定额(2010 版)》，点型探测器的安装，区分多线制与总线制，以探测源形式按"组/对"计量。探测源形式有(　　)。

A. 感烟   B. 感温   C. 红外光束   D. 火焰

E. 可燃气体

三、简答题

1. 火灾探测器有哪几种类型？

2. 探测区域的划分原则是什么？

3. 火灾报警按钮的安装距离一般是多少？

4. 对消防用电设备的电源有什么要求？

5. 火灾报警控制器的安装方式有哪几种？

工作情境五
室内给水排水管道工程施工工艺、识图与预算

能力导航

学习目标	资料准备
通过本工作情境的学习，应该了解给水排水管的材质；熟悉室内给水排水管道工程的施工工艺；掌握室内给水排水管道工程的工程量计算规则及造价文件的编制方法。	本部分内容以《通用安装工程工程量计算规范》（GB 50856—2013）、《广东省安装工程综合定额（2010 版）》第八册"给水排水、采暖、燃气工程"为造价计算依据，建议准备好这些工具书及最新的工程造价价目信息。

5.1　布置工作任务

5.1.1　任务一

任务要求：

(1)熟悉图纸。

(2)查阅《广东省安装工程综合定额（2010 版）》《通用安装工程工程量计算规范》（GB 50856—2013）以及《建设工程工程量清单计价规范》（GB 50500—2013）中相关工程量计算规则及计价规范。

(3)编制"某住宅给水排水工程"设备、材料施工用量表（含计算式），相关表格格式见表 2.1。

施工说明：

1. 卫生设备与附件

采用挂式 13102 型陶瓷洗脸盆；普通陶瓷浴盆，$l=1\,500$ mm；踏式 6203 型陶瓷蹲式大便器；铝合金地漏；叶轮式水表；内螺纹截止阀（其中蹲式大便器采用直通式专用冲洗阀），如图 5.1 所示。

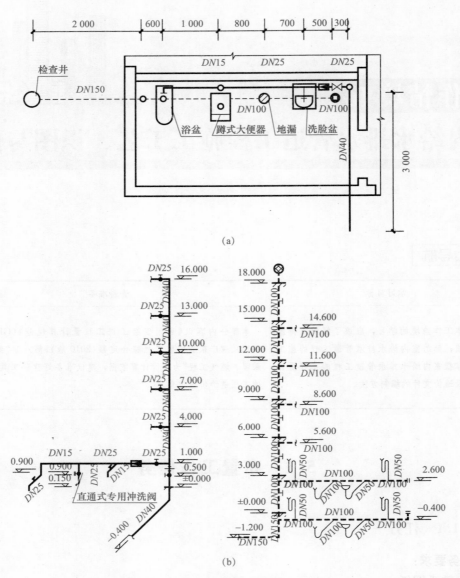

(a)

(b)

图 5.1　某住宅楼给水排水施工图

(a)1～6 层给水排水平面图；(b)1～6 层给水排水系统图

2. 洗脸盆和浴盆的水龙头

图 5.1 中洗脸盆、浴盆的热水管道和热水龙头未表示，因此，安装时均采用单个普通水龙头。

3. 管材、管件及其连接

给水系统采用白铁管及其管件，螺纹连接，生料带为填料。排水系统采用排水铸铁管及其管件，承插口连接，油麻、水泥捻口。

4. 套管的设置

给水排水立管穿过楼（地）板时均设套管。其中给水立管的套管采用黑铁管；套管直径比立管的直径大两或三个直径等级（这里选用 $DN65$）。排水立管的套管采用黑铁管及钢板卷管；套管的直径比立管的直径大两个直径等级（这里选用 $DN150$ 的黑铁管作为排水立管的套管）。每个（节）套管的长度按楼（地）板的厚度加 20 mm 计算（这里楼地板的厚度为 160 mm）。给、排水立管与其套管之间的环形间隙填石棉绳。

5. 支、吊架的设置

给水排水系统通常大管径采用角钢支架；小管径采用扁钢或塑料管卡（这里采用塑料管卡）。排水系统的排水立管、透气管和排水干管均采用角钢悬臂式支架；地漏和蹲式大便器的存水弯设圆钢吊卡。

5.1.2　任务二

任务要求：

(1)熟悉图纸。

(2)查阅《广东省安装工程综合定额(2010 版)》、《通用安装工程工程量计算规范》(GB 50856—2013)以及《建设工程工程量清单计价规范》(GB 50500—2013)中相关工程量计算规则及计价规范。

(3)计算该排水管道系统的清单工程量并编制管道工程分部分项工程量清单以及明装铸铁排水管 $DN100$ 的综合单价。相关表格格式请查阅《建设工程工程量清单计价规范》(GB 50500—2013)。

施工及计价说明：

某深圳市 9 层建筑的卫生间排水管道布置如图 5.2 所示。

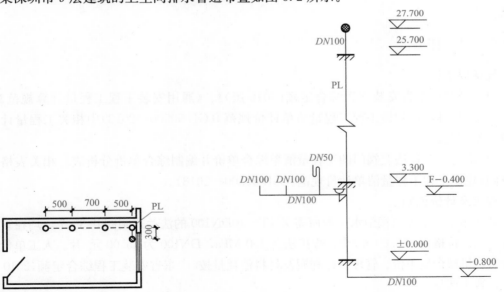

图 5.2　某深圳市 9 层建筑的卫生间排水管道布置图

(1)首层为架空层，层高为 3.3 m，其余层高为 2.8 m，板厚 120 mm，套管为 $DN150$。自 2~9 层设有卫生间。管材为铸铁排水管，水泥接口。图 5.2 中所示地漏为 $DN80$，连接地漏的横管标高为楼板面下 0.2 m，立管至室外第一个检查井的水平距离为 5.2 m，明露排水铸铁管刷红丹防锈底漆一遍，银粉漆两遍，埋地部分刷沥青漆两遍。

（2）该工程铸铁排水管 $DN100$ 为 34.00 元/m，红丹防锈漆为 11.50 元/kg，银粉漆为 9.50 元/kg。人工单价、辅助材料价差，机械台班单价、管理费、利润及材料消耗量均按《广东省安装工程综合定额(2010 版)》执行，均不作调整。

（3）查阅手册得知，铸铁管外径分别为 $DN50=59$ mm，$DN80=90$ mm，$DN100=110$ mm，$DN150=168$ mm。

5.1.3 任务三

任务要求：

（1）查阅《广东省安装工程综合定额(2010 版)》、《通用安装工程工程量计算规范》(GB 50856—2013)以及《建设工程工程量清单计价规范》(GB 50500—2013)中相关工程量计算规则及计价规范。

（2）计算该工程的管沟土方工程量并编制分部分项工程量清单与计价表，确定工程量清单综合单价并编制综合单价分析表。相关表格格式请查阅《建设工程工程量清单计价规范》(GB 50500—2013)。

施工及计价说明：

（1）珠海某 $DN400$ 的室外钢筋混凝土排水管道共 40 m，需砌筑 180°混凝土基础，管沟深度为 1.8 m。由设计得知，该管道基础的宽度为 0.63 m，土质为三类土，无地下水。

（2）人工单价按 51.00 元/工日，利润率按 18% 计取，$DN400$ 的壁厚为 40 mm，根据《广东省市政工程定额》中的相关规定，本案例中的排水管沟挖方工程量应乘以 1.05 的系数。

5.1.4 任务四

任务要求：

（1）查阅《广东省安装工程综合定额(2010 版)》、《通用安装工程工程量计算规范》(GB 50856—2013)以及《建设工程工程量清单计价规范》(GB 50500—2013)中相关工程量计算规则及计价规范。

（2）确定该工程法兰阀门的工程量清单综合单价并编制综合单价分析表。相关表格格式请查阅《建设工程工程量清单计价规范》(GB 50500—2013)。

施工及计价说明：

珠海市某 8 层办公楼给水工程所需 Z41T—10$DN100$ 的法兰式闸阀共 35 个，均在管井内安装。阀门价格为 230.00 元/个，焊接法兰 1.0 MPa，$DN100$ 为 45.00 元/片。人工单价、辅材价差、机械台班单价、管理费、利润及材料消耗量按《广东省安装工程综合定额(2010 版)》执行，暂不调整。

5.1.5 任务五

任务要求：

（1）熟悉图纸。

（2）查阅《广东省安装工程综合定额(2010 版)》、《通用安装工程工程量计算规范》(GB 50856—2013)以及《建设工程工程量清单计价规范》(GB 50500—2013)中相关工程量计算规则及计价规范。

(3)编制该工程卫生器具部分的分部分项工程量清单,确定陶瓷低水箱坐便器安装的综合单价并编制综合单价分析表。相关表格格式请查阅《建设工程工程量清单计价规范》(GB 50500—2013)。

施工及计价说明:

肇庆市某住宅楼底层厨房、卫生间给水排水平面图如图 5.3 所示。

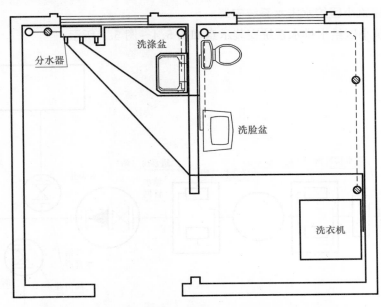

图 5.3　肇庆市某住宅楼底层厨房、卫生间给水排水平面图

(1)该工程由安装单位在土建单位竣工后再另行施工,厨房内设有 1 个不锈钢洗涤盆,卫生间设有 1 个陶瓷低水箱坐便器、1 个陶瓷冷水立式洗脸盆、1 个洗衣机铜镀铬水龙头,设 1 个预留口以便用户安装淋浴器。

(2)相关卫生器具型号如下:

1)水表型号:LXS—20;

2)洗涤盆型号为 1402:不锈钢 S 形存水弯;

3)洗脸盆型号为 SX58:不锈钢 S 形存水弯;

4)低水箱坐便器型号为 W797;

5)洗涤盆、洗脸盆及坐便器均配镀铬角阀;

6)分水器为全铜分水器,一进三出,材质为铜 T2。

(3)投标人经了解市场并结合企业自身实力确定:陶瓷低水箱坐便器××型 580.00 元/套;镀铬角阀 DV15,28.00 元/个;不锈钢编制软管 DN15,L=400,16.00 元/条,相同规格配置的弯头 12 个(5.46 元/个)、活接头 10 个(13.6 元/个);人工单价为 80.00 元/工日,辅材价差调整系数为 20%,机械台班单价按《广东省安装工程综合定额(2010 版)》执行,利润为 15%。

5.2 相关知识学习

5.2.1 基础知识

1. 城市与建筑小区给水排水系统安装

城市与建筑小区给水排水系统安装示意如图 5.4～图 5.7 所示。

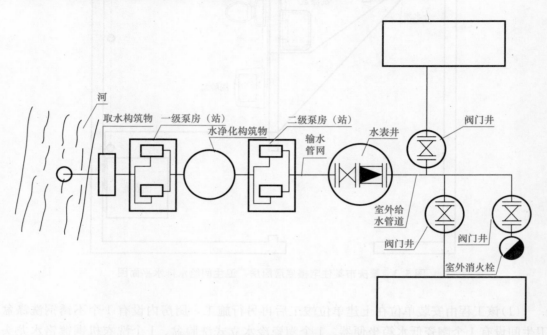

图 5.4 以地面水为水源的给水系统

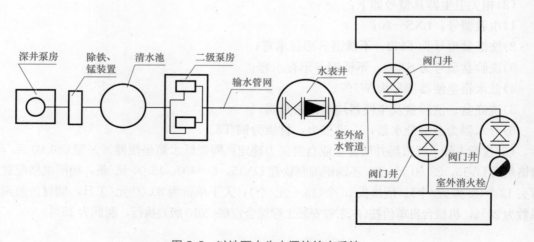

图 5.5 以地下水为水源的给水系统

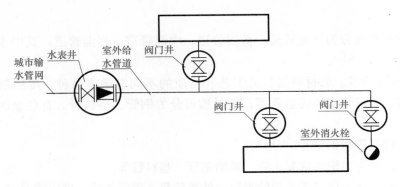

图 5.6　室外给水系统

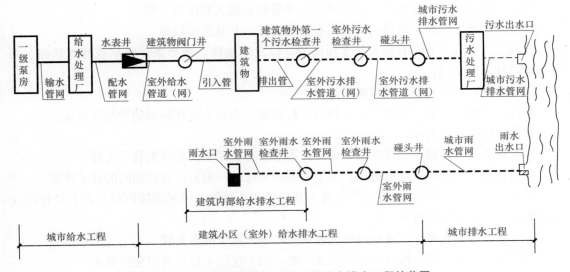

图 5.7　城市给水排水工程与建筑给水排水工程的范围

工作情境以室内给水排水系统为主要，室外给水排水系统详见"市政工程"相关课程。

思考题：

试根据图 5.7 回答"建筑给水工程的范围"与"城市给水工程的范围"。

2. 管道组成及表达方式

管道由管子、管件、附件组成。

管子、管件和管路附件一般用公称直径表示，公称直径是为了设计制造和维修的方便人为地规定的一种标准，也叫公称通径，既不是实际的内径也不是实际的外径，而是称呼直径。

例如公称直径为 100 mm 的无缝钢管有 102×5、108×5 等好几种，108 为管子的外径，5 表示管子的壁厚，因此，该钢管的内径为(108−5−5)＝98(mm)。

公称直径是接近于内径，但是又不等于内径的一种管子直径的规格名称。

(1)管道分类。

1)按管道的基本特性和服务对象分为水暖管道、工业管道。

2)按介质的压力分为工业管道、水暖管道、几种特定介质管道(压缩空气、乙炔、燃

137

气、热力);

3)按介质的温度分为常温管道、低温管道、中温管道、高温管道;其中水暖管道为低压,公称压力≤2.5 MPa。

(2)管材及其管件。管材根据制造工艺和材质的不同有很多品种。按照制造方式可分为:无缝钢管、有缝钢管和铸造管等;按材质可分为钢管、铸铁管、有色金属管和非金属管等。

金属管:铸铁管和钢管等(少用)。

非金属管:预应力钢筋混凝土管、玻璃钢管、塑料管等。

水管材料的选择:取决于承受的水压、外部荷载、埋管条件、供应情况等。

1)钢管。分类:无缝钢管、焊接钢管。

优点:能耐高压、耐振动、质量较轻、单管的长度大和接口方便。

缺点:耐腐蚀性差,管壁内外都需有防腐措施,并且造价较高。

适用范围:通常只在管径大和水压高处,以及因地质、地形条件限制或穿越铁路、河谷和地震地区时使用。

接口形式:焊接、法兰接口螺纹连接。

配件:三通、四通、弯管等,由钢板卷焊而成,也可直接用标准铸铁配件连接。

管件:如图5.8所示。

①管接头——管接头也称管箍、束结,用于公称直径相同的两根管子连接。

②活接头——活接头也称由任,用于需要拆装处的一根公称直径相同的管子连接。

③弯头——一般为90°,分为等径弯头和异径弯头两种,用来连接两根公称直径相同或不同的管子,并使管路转90°弯。

④三通——分为等径三通和异径三通两种,用于直管接出支管。

⑤四通——分为等径四通和异径四通两种,用于连接4根垂直相交的管子。

⑥大小头——大小头也称异径管,用于连接2根公称直径不同的管子。

⑦补心——补心也称内外螺纹管接头,其作用与大小头相同。

⑧外接头——外接头也称双头外螺钉,用于连接两个公称直径相同的内螺纹管件或阀门。

⑨丝堵——丝堵也称管塞,外方堵头,用于堵塞管路,常与管接头、弯头、三通等内螺纹管件配合用。

图5.8 钢管管件

钢管管材管件的规格表示：通常以符号"D"表示外径，外径数值写于其后，再乘上壁厚。例如，无缝钢管的外径是 57 mm，壁厚是 4 mm，表示为 D57×4；螺旋缝电焊钢管的外径是 273 mm，壁厚是 7 mm，表示为 D273×7。

2)铸铁管。铸铁管按材质分为灰铸铁管和球墨铸铁管。

灰铸铁管或称连续铸铁管，优点：有较强的耐腐蚀性；缺点：质地较脆，抗冲击和抗震能力较差，质量较大，且经常发生接口漏水，水管断裂和爆管事故，给生产带来很大的损失。接口形式：承插式和法兰式。

球墨铸铁管优点：抗腐蚀性能远高于钢管，质量较轻，很少发生爆管、渗水和漏水现象，是理想的管材。缺点：产量低，产品规格少，价格也较高。接口形式：法兰接口，水密性好，有适应地基变形的能力，抗震效果也好。

铸铁管材管件的规格表示：给水排水铸铁管及其管件，以公称直径表示。例如，铸铁管的直径是 100 mm，表示为 DN100，如图 5.9、图 5.10 所示。

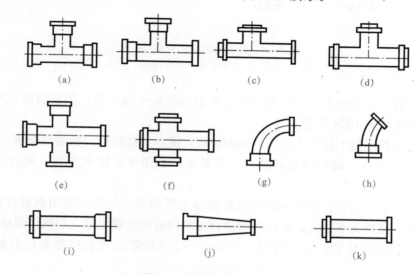

图 5.9　给水铸铁管的管件

(a)三承三通；(b)双承三通；(c)双盘三通；(d)三盘三通；(e)三承四通；(f)三盘四通；
(g)90°弯头；(h)45°弯头；(i)大小头；(j)承盘短管；(k)插盘短管

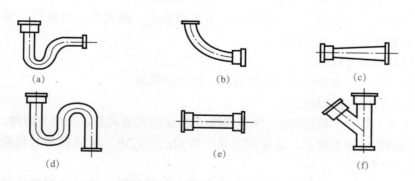

图 5.10　排水铸铁管的管件

(a)P形存水弯；(b)出户大弯；(c)大小头；(d)S形存水弯；(e)套袖；(f)斜三通

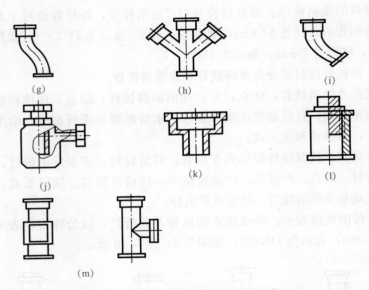

图 5.10 排水铸铁管的管件（续）

(g)乙字弯；(h)斜四通；(i)45°弯头；(j)盅形存水弯；(k)地漏；(l)清扫口；(m)立管检查口

3)非金属管。常用的有：预应力和自应力钢筋混凝土输水管、钢筋混凝土排水管、陶土管、塑料排水管和 PPR 管等。

①预应力钢筋混凝土管分为普通、加钢套筒。优点：造价低，抗震性能强，管壁光滑，水力条件好，耐腐蚀，爆管率低；缺点：质量大，不便于运输和安装。配件：采用钢管配件。

预应力钢筒混凝土管：是在预应力钢筋混凝土管内放入钢筒，其用钢量比钢管省，价格比钢管便宜。接口为承插式，承口环和插口环均用扁钢压制成型，与钢筒焊成一体。

自应力钢筋混凝土管：最大管径 600 mm，可用在郊区或农村等水压较低的次要管线上。

②钢筋混凝土排水管分平口式和承插式两种，适用场合：室外生活污水、雨水等管道。

③塑料管常见的有：聚丙烯腈—丁二烯—苯乙烯塑料管（ABS）、聚乙烯管（PE）、聚丙烯塑料管（PP）、硬聚氯乙烯塑料管（UPVC）等。管件如图 5.11 所示。

优点：强度高、表面光滑、不易结垢、水头损失小、耐腐蚀、质量轻、加工和接口方便，抗震和水密性较好，不易漏水。

缺点：管材的强度较低。

适用范围：城市供水中中小口径管道的一种主要管材。

(3)常用法兰及其螺栓与垫片。

1)常用法兰。管道工程用的法兰分为钢管(道)法兰和通风管(道)法兰两种。

钢管常用的法兰种类较多，最常用的是平焊钢法兰，法兰材质通常与相应钢管的材质相同，如图 5.12 所示。

通风管道所用法兰，按其形状不同分为圆形和矩形两种，法兰的材质通常根据风管材质选用，如图 5.13 所示。

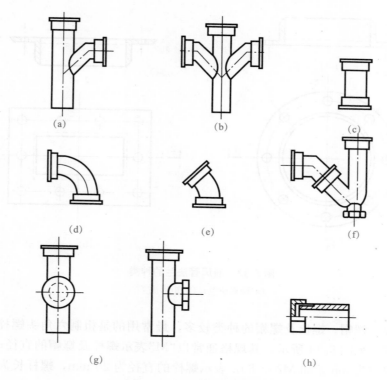

图 5.11　塑料排水管的管件

(a)异径斜三通；(b)异径斜四通；(c)套袖；(d)90°弯头；(e)45°弯头；(f)P形存水弯；(g)立管检查口；(h)清扫口

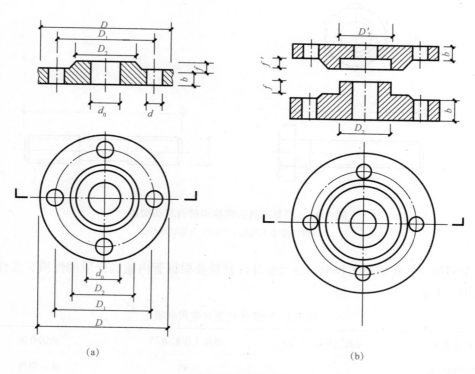

图 5.12　平焊钢法兰

(a)光滑式密封面；(b)凹凸

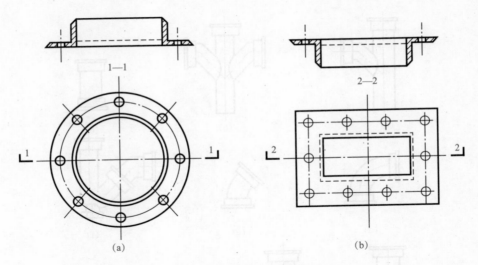

图 5.13 通风管法兰的种类

(a)圆形法兰;(b)矩形法兰

2)常用螺栓、螺帽。螺栓及螺帽的种类较多,最常用的是粗制六角头螺栓及普通厚度的粗制六角螺帽,如图 5.14 所示。其规格通常以"M"表示螺栓及螺帽的直径;以"L"表示螺杆的长度,单位为 mm。如 M20×80,表示螺栓的直径为 20 mm,螺杆长为 80 mm;与其相配的螺帽为 M20。

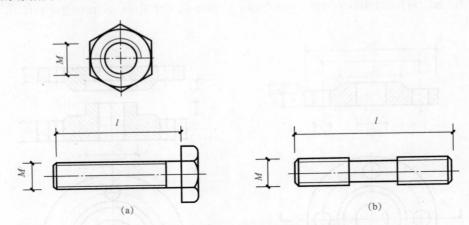

图 5.14 粗制六角头螺栓和精制双头螺栓

(a)粗制头角头螺栓;(b)双头精制螺栓

3)常用垫片。在管道工程中,法兰垫片的材质要根据管内输送介质的性质、工作压力、温度选用,见表 5.1。

表 5.1 钢管法兰垫片常用材质

材质名称	最高工作压力/MPa	最高工作温度/℃	适用介质
普通橡胶板	0.6	60	水、空气

材质名称	最高工作压力/MPa	最高工作温度/℃	适用介质
耐热橡胶板	0.6	120	热气、蒸汽
耐油橡胶板	0.6	60	各种常用油料
耐酸碱橡胶板	0.6	60	浓度≤20%酸碱溶液
低压石棉橡胶板	1.6	200	蒸汽、水、燃气
中压石棉橡胶板	4.0	350	蒸汽、水、燃气
高压石棉橡胶板	10.0	450	蒸汽、空气
耐油石棉橡胶板	4.0	350	各种常用油料
软聚氯乙烯板	0.6	50	酸碱稀溶液、水
聚四氟乙烯板	0.6	50	酸碱稀溶液、水
石棉绳（板）		600	烟气
耐酸石棉板	0.6	300	酸、碱、盐溶液
铜、铝金属薄板	20.0	600	高温、高压蒸汽

通风管道法兰垫片常用材质见表 5.2。其垫片厚度一般为 3～5 mm。

表 5.2 通风管道法兰垫片常用材质

风管输送的介质种类	垫片材质
空气温度低于 70 ℃	橡胶板、闭孔海绵橡胶板
空气温度高于 70 ℃	石棉绳、石棉橡胶板
含湿空气	橡胶板、闭孔海绵橡胶板
含腐蚀性介质的气体	耐酸橡胶、软聚氯乙烯板
除尘系统	橡胶板
洁净系统	泡沫氯丁橡胶垫

(4)板材和型钢。

1)板材。管道通风系统中常采用金属板材。钢板可用于容器、设备底板及风管等。铝板可用于通风空调系统。非金属板材可用于玻璃钢板、硬聚氯乙烯塑料板，用于排除含腐蚀性介质的通风系统。

钢板的规格：800×1 500×0.9，表示：短边×长边×厚度，单位是 mm。

非金属板材主要用于排除含腐蚀性介质的通风系统中，材料有玻璃钢板、硬聚氯乙烯塑料板两种。

2)型钢。常用的型钢有圆钢、扁钢、角钢和槽钢等，其断面形状如图 5.15 所示。

①圆钢规格：φ10，表示圆钢直径为 10 mm。

②扁钢：以宽度×厚度表示，单位为 mm(不写)。例如：30×3 表示扁钢宽 30 mm，厚 3 mm。

③角钢：以边宽×边宽×边厚表示，其前加符号"∠"，单位为 mm(不写)。例如：∠50×50×6 表示角钢两边宽均为 50 mm，边厚为 6 mm。

④槽钢：以高度号表示，单位为 mm(不写)，每 10 mm 为 1 号。表示时，其前加符号"["且"号"不写，例如：[20 表示高 $h=200$ mm 的槽钢。

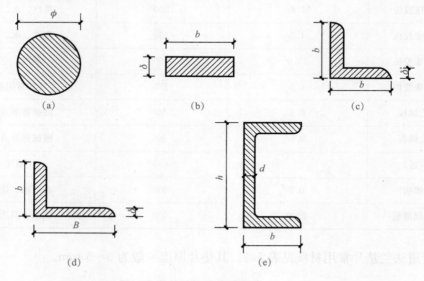

图 5.15 常用型钢

(a)圆钢；(b)扁钢；(c)等边角钢；(d)不等边角钢；(e)槽钢

(5)常用阀门。

1)阀门型号的组成。根据《阀门 型号编制方法》(JB/T 308—2004)，阀门型号由 7 个单元组成，用来表示阀门的类型、驱动方式、连接形式、结构形式、密封面或衬里材料类型、压力代号或工作温度下的工作压力代号和阀体材料，如图 5.16 所示。

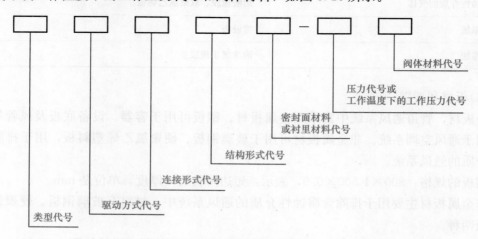

图 5.16 阀门型号组成

144

阀门型号的含义见表 5.3，阀门的结构形式代号见表 5.4～表 5.13。在实际应用时应注意以下几点：

①安全阀、减压阀、疏水阀、手轮直接连接阀杆操作结构形式的阀门，则省略阀门驱动方式代号。

②当阀门密封副材料均为阀门的本体材料时，密封面材料代号用"W"表示。

③对于气动或液动机构操作的阀门，常开式用 6K、7K 表示；常闭式用 6B、7B 表示。

④当介质最高温度超过 425 ℃时，标注最高工作温度下的工作压力代号。

⑤公称压力小于等于 1.6 MPa 的灰铸铁阀门的阀体材料代号在型号编制时予以省略，公称压力大于等于 2.5 MPa 的碳素钢阀门的阀体材料代号在型号编制时予以省略。

表 5.3 阀门型号的含义

1 单元	2 单元	3 单元	4 单元	5 单元	6 单元	7 单元
阀门类型代号	驱动方式代号	连接形式代号	结构形式代号	密封面材料或衬里材料代号	压力代号或工作温度下的工作压力代号	阀体材料代号
Z 闸阀 J 截止阀 L 节流阀 Q 球阀 D 蝶阀 H 止回阀和底阀 G 隔膜阀 A 弹簧载荷安全阀 X 旋塞阀 Y 减压阀 S 蒸汽疏水器 U 柱塞阀 P 排污阀 GA 杠杆或安全阀	0 电磁动 1 电磁—液动 2 电—液动 3 蜗轮 4 正齿轮 5 锥齿轮 6 气动 7 液动 8 气—液动 9 电动	1 内螺纹 2 外螺纹 4 法兰式 6 焊接式 7 对夹 8 卡箍 9 卡套	见表 5-4～ 表 5-11	T 铜合金 X 橡胶 N 尼龙塑料 F 氟塑料 B 锡基轴承合金 HC_r13 系不锈钢 D 渗氮钢 Y 硬质合金 J 衬胶 Q 衬铅 C 搪瓷 P 渗硼钢 S 塑料 R 实氏体不锈钢 M 裳乃尔合金 G 陶瓷	采用《管道元件—PN（公称压力）的定义和选用》（GB/T 1048）标准 10 倍的兆帕单位（MPa）数值表示	Z 灰铸铁 K 可锻铸铁 Q 球墨铸铁 T 铜及铜合金 C 碳钢 HR_r13 系不锈钢 I 铬钼系钢 L 铝合金 P 铬镍系不锈钢 S 塑料 Ti 钛及钛合金 V 铬钼钒钢

闸阀结构形式代号（即表 5.3 的 4 单元）用阿拉伯数字表示，见表 5.4。

截止阀、节流阀和柱塞阀结构形式代号用阿拉伯数字表示，见表 5.5。

球阀结构形式代号用阿拉伯数字表示，见表 5.6。

蝶阀结构形式代号用阿拉伯数字表示，见表 5.7。

表 5.4　闸阀结构形式

结构形式				代号
阀杆升降式 明杆	楔式闸板	弹性闸板		0
		刚性闸板	单闸板	1
			双闸板	2
	平行式闸板		单闸板	3
			双闸板	4
阀杆排升降式	楔式闸板		单闸板	5
			双闸板	6
	平行式闸板		单闸板	7
			双闸板	8

表 5.5　截止阀、柱塞阀和节流阀结构形式

结构形式		代号	结构形式		代号
阀瓣 非平衡式	直通流道	1	阀瓣平衡式	直通流道	6
	Z 形流道	2		角式流道	7
	三通流道	3			
	角式流道	4			
	直流流道	5			

表 5.6　球阀结构形式

结构形式		代号	结构形式		代号
浮动球	直通流道	1	固定球	直通流道	7
	Y 形三通流道	2		四通流道	6
	L 形三通流道	4		T 形三通流道	8
	T 形三通流道	5		L 形三通流道	9
				半球直通	0

表 5.7　蝶阀结构形式

结构形式		代号	结构形式		代号
密封型	单偏心	0	非密封型	单偏心	5
	中心垂直板	1		中心垂直板	6
	双偏心	2		双偏心	7
	三偏心	3		三偏心	8
	连杆机构	4		连杆机构	9

止回阀结构形式代号用阿拉伯数字表示，见表5.8。

表5.8 止回阀结构形式

结构形式		代号	结构形式		代号
升降式阀瓣	直通流道	1	旋启式阀瓣	单瓣结构	4
	立式结构	2		多瓣结构	5
	角式流道	3		双瓣结构	6
			蝶形止回阀		7

隔膜阀结构形式代号用阿拉伯数字表示，见表5.9。

表5.9 隔膜阀结构形式

结构形式	代号	结构形式	代号
屋脊流道	1	直通流道	6
直流流道	5	Y形角式流道	8

安全阀结构形式代号用阿拉伯数字表示，见表5.10。

表5.10 安全阀结构形式

结构形式		代号	结构形式		代号
弹簧载荷弹簧封闭结构	带散热片全启式	0	弹簧载荷弹簧不封闭且常扳手结构	微启式	3
	微启式	1		双联阀	7
	全启式	2		微启式	7
	带扳手全启式	4		全启式	8
杠杆式	单杠杆	2	带控制机构全启式		6
	双杠杆	4	脉冲式		9

旋塞阀结构形式代号用阿拉伯数字表示，见表5.11。

表5.11 旋塞阀结构形式

结构形式		代号	结构形式		代号
填料密封	直通流道	3	油密型	直通流道	7
	T形三通流道	4		T形三通流道	8
	四通三通流道	5			

减压阀结构形式代号用阿拉伯数字表示，见表5.12。

表5.12 减压阀结构形式

结构形式	代号	结构形式	代号
薄膜式	1	波纹臂式	4
弹簧薄膜式	2	杠杆式	5
活塞式	3		

蒸汽疏水阀结构形式代号用阿拉伯数字表示，见表5.13。

表 5.13　蒸汽疏水阀结构形式

结构形式	代号	结构形式	代号
浮球式	1	蒸汽压力式或膜盒式	6
浮桶式	3	双金属片式	7
液体或固体膨胀式	4	脉冲式	8
钟形浮子式	5	圆盘热动力式	9

2)阀门型号和名称编制方法示例。

①Z942W—1电动楔式双闸板闸阀。电动驱动、法兰连接、明杆楔式双闸板、阀座密封面材料由阀体直接加工、公称压力 PN=0.1 MPa、阀体材料为灰铸铁的闸阀。

②Q21F—40P外螺纹球阀。手动、外螺纹连接、浮动直通式、阀座密封面材料为氟塑料、公称压力 PN=4.0 MPa、阀体材料为 1Cr18Ni9Ti 的球阀。

③G6K41J—6气动常开式衬胶隔膜阀。气动常开式、法兰连接、屋脊式、衬里材料为衬胶、公称压力 PN=0.6 MPa、阀体材料为灰铸铁的隔膜阀。

④D741X—2.5液动碟阀。液动、法兰连接、垂直板式、阀座密封面材料为铸铜、阀瓣密封面材料为橡胶、公称压力 PN=0.25 MPa、阀体材料为灰铸铁的蝶阀。

⑤J961Y—P54170V电动焊接截止阀。电动驱动、焊接连接、直通式、阀座密封面材料为堆焊硬质合金、在 540 ℃下的工作压力为 17.0 MPa、阀体材料铬钼钒钢的截止阀。

3)常用阀门。在管道工程中，常用的阀门有闸阀、截止阀、球阀、止回阀、安全阀和水龙头、旋塞等，如图5.17～图5.23所示。

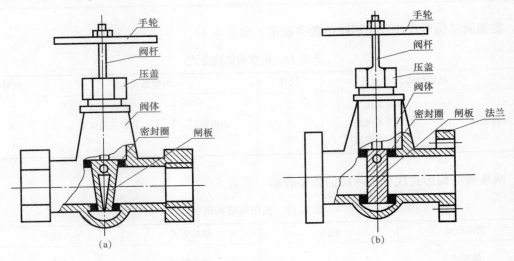

图 5.17　闸阀

(a)内螺纹式；(b)法兰式

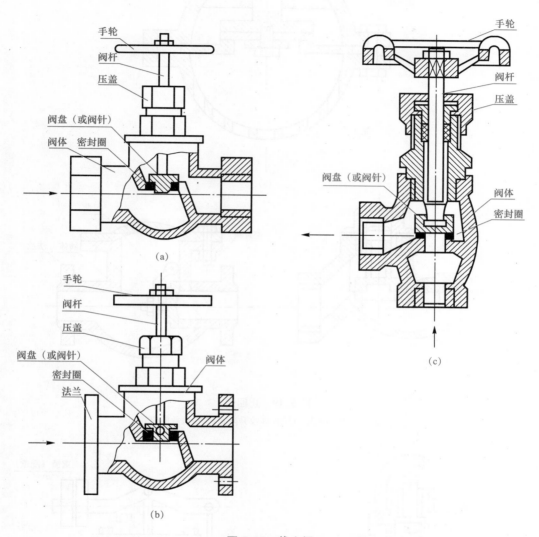

手轮
阀杆
压盖
阀盘（或阀针）
阀体　密封圈

(a)

手轮
阀杆
压盖
阀盘（或阀针）
密封圈
法兰
阀体

(b)

手轮
阀杆
压盖
阀盘（或阀针）
阀体
密封圈

(c)

图 5.18　截止阀

(a)内螺纹直通式；(b)法兰直通式；(c)内螺纹直角式

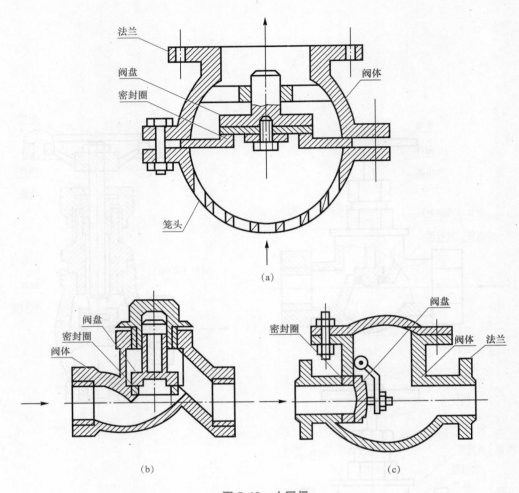

图 5.19　止回阀

(a)法兰立式升降式；(b)内螺纹升降式；(c)法兰旋启式

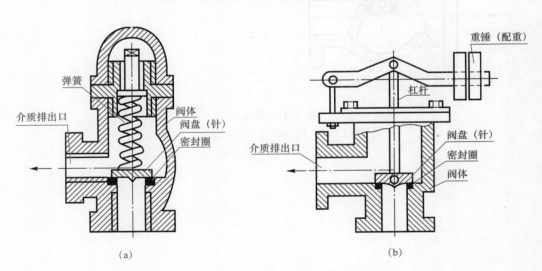

图 5.20　安全阀

(a)弹簧式；(b)杠杆式

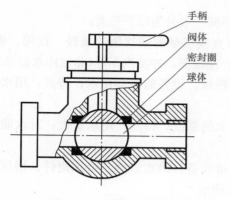

图 5.21　内螺纹式球阀

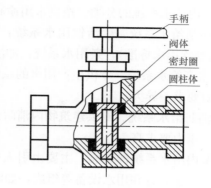

图 5.22　内螺纹式旋塞

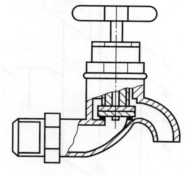

图 5.23　普通水龙头

　　(6)管材的加工。管材的加工分为切割、弯曲、攻螺纹、套螺纹、粘结等，常用工具有砂轮切割机、钢锯、套丝机、管子台虎钳等。

　　3. 给水与排水工程施工工艺

　　(1)室内外给水系统安装。室内外给水系统组成及划分范围如图 5.24 所示。

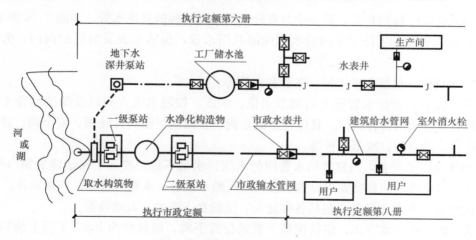

图 5.24　室外给水系统组成及范围

1)室内给水系统的分类与组成。

①室内给水系统的分类。按供水用途和要求不同一般分为以下三类：

a.生活给水系统。生活饮用水系统：与人体直接接触的或饮用的烹饪、饮用、盥洗、洗浴(达到饮用水标准)；杂用水系统：冲洗便器、浇地面、冲洗汽车等(非饮用水标准)。

b.生产给水系统。专供生产用水的系统，如机械、设备的冷却用水；特点：用水量均匀；水质要求差异大。

c.消防给水系统。专供建筑物内消防设备用水的系统；特点：用水量大；对水质无特殊要求；压力要求高。

②室内给水系统的组成。主要由引入管、计量设备、给水管网、给水附件、增压及贮水设备、配水装置和用水设备等组成，如图5.25所示。

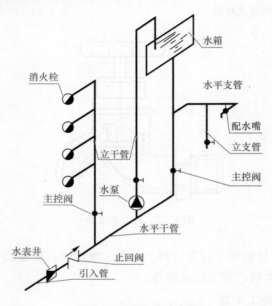

图5.25 引入管的布置

a.引入管，也称进户管，是一个与室外供水管网连接的总进水管，如图5.26所示。

b.计量设备，为了计量室内给水系统的总用水量，包括水表及前后的阀门、旁通管、泄水装载等。

c.给水管网，包括水平干管、立管和支管等。

d.给水附件，指给水管道上的调节水量、水压、控制水流方向以及断流后便于管道、仪器和设备检修用的各种阀门。具体包括截止阀、止回阀、闸阀、球阀、安全阀、浮球阀、水锤消除器、过滤器、减压孔板等。

e.增压及贮水设备，当室外给水管网的水压、水量不足，或为了保证建筑物内部供水的稳定性、安全性，应根据要求设置水泵、气压给水设备、水箱等增压、贮水设备。

f.配水装置和用水设备，包括各种龙头、洗脸盆、浴盆、大便器等。

2)建筑内部的给水方式。包括按照干管的位置不同，通常分为下分(下行上给)式、上分(上行下给)式及中分式三种布置形式，如图5.27~图5.29所示。

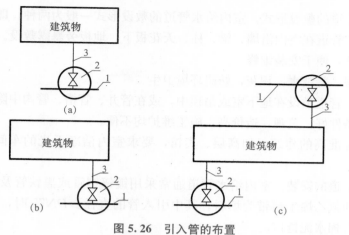

图 5.26 引入管的布置

(a)由建筑物的中部引入；(b)由建筑物的右侧引入；(c)设两条引入管，从不同水源和建筑物不同侧引入

1—室外供水管网；2—室外阀门井；3—引入管

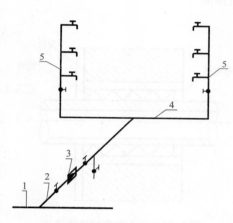

图 5.27 下分式

1—室外管网；2—引入管；3—水表；

4—水平干管；5—主立管

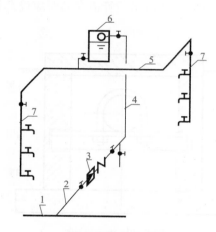

图 5.28 上分式

1—室外管网；2—引入管；3—水表；

4—主立管；5—水平干管；6—水箱；7—立管

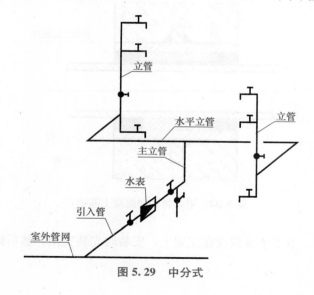

图 5.29 中分式

3)室内给水管道的敷设形式。室内给水管道的敷设形式一般为两种，即明装和暗装。

①管道明装。管道在室内沿墙、梁、柱、天花板下、地板旁暴露敷设。

优点：造价低，便于安装维修。

缺点：不美观，凝结水，积灰，妨碍环境卫生。

②管道暗装。管道敷设在地下室或吊顶中，或在管井、管槽、管沟中隐蔽敷设。

特点：卫生条件好，美观，造价高，施工维护均不便。

适用：建筑标准高的建筑，如高层、宾馆，要求室内洁净无光的车间，如精密仪器、电子元件等。

4)室内给水管道的安装。室内给水管道通常采用镀锌钢管或黑铁管及相应的管件。螺纹（丝扣）连接，四氟乙烯生料带为填料。其中引入管的直径≥$DN75$时，可采用上水承插铸铁管（高压），石棉水泥捻口。

安装程序一般为：引入管→水平干管→立管→支管。

①引入管安装。常见的有直接埋地敷设、地沟敷设、引入管穿过砖基三种形式，如图5.30～图5.32所示。管道穿墙时应设套管，内填石棉绳。

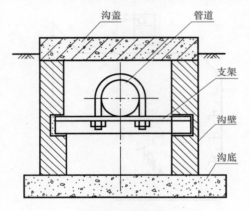

图 5.30　地沟敷设

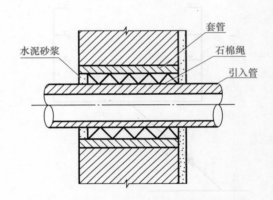

图 5.31　引入管穿过砖墙基础

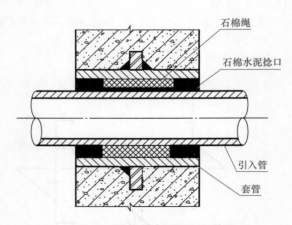

图 5.32　引入管穿过混凝土基础

②水平干管安装。水平干管敷设在支架上，安装时先装支架，然后铺管。

通常采用角钢悬臂式支架，其间距见表5.14。安装时将支架载入砖墙内，如图5.33所示；或焊在混凝土柱的预埋钢板上，如图5.34所示。

表 5.14　钢管水平管道支架的最大间距

规格		DN15	DN20	DN25	DN32	DN40	DN50	DN70	DN80	DN100	DN125	DN150
最大间距 /m	保温	1.5	2	2	2.5	3	3	3.5	4	4.5	5	6
	不保温	2	2.5	3	3.5	4	4.5	5	5.5	6	6.5	7

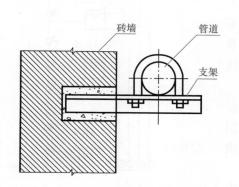

图 5.33　砖墙上安装支架

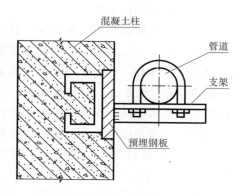

图 5.34　混凝土柱上安装支架

③立管安装。立管靠墙垂直安装，每根立管上应设阀门和活接头各一个。穿楼板时应设套管，内填石棉绳。

④支管安装。支管分为水平和垂直两种，直径都比较小，通常沿墙安装。水平支管要求平直，坡度为0.005，坡向立管或用水点。其支架形式为塑料（或扁钢）管卡。支架间距见表5.9。立管要求垂直，支架形式也采用为塑料管卡，如图5.35所示。

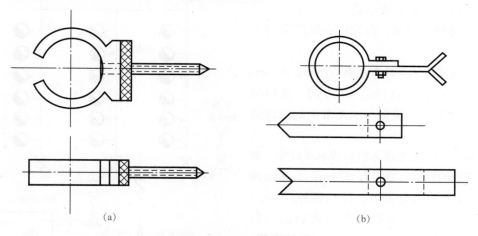

图 5.35　塑料与扁钢管卡

（a)塑料管卡；(b)扁钢管卡

⑤阀门安装。室内给水系统通常采用闸阀或截止阀。DN50以上常用法兰闸阀，DN50

以内用螺纹截止阀。安装在水平管上的阀门其手轮应垂直向上，装在立管上的阀门其阀杆应垂直于墙面。

⑥水龙头安装。室内生活给水通常采用普通水龙头，安装时出水口垂直向下。

⑦水表安装。常用水表有叶轮式和螺翼式。前者适用测量小流量；后者适于大管径，测大流量。民用建筑中，叶轮式水表较为普遍。室内给水系统水表的位置：进户水表，装在引入管上，以计量整个建筑物的用水量；用户水表——装在居住建筑的各户厨房间，以便收用户水费。

⑧水箱安装。外形有圆形、矩形等，材质多采用钢板及钢筋混凝土，安装要求：水箱与水箱以及水箱与墙面之间的净距≥0.700 m；水箱顶至建筑结构的最低点净距≥0.6 m，便于检修。

5)高层建筑给水系统。高层建筑给水系统的任务：一是确保高层有足够的水压、量；二是使下层（或底层）的静压不至过高；三是安全、可靠地供水。其给水方式如图5.36所示。

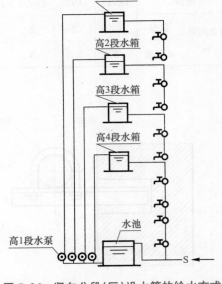

图5.36 竖向分段(区)设水箱的给水方式

6)室内给水管道的压力试验。室内给水管道安装完毕之后应进行水压试验，试验压力标准：生活给水为Ps0.6，消防、生产给水为Ps0.9。水压试验时，为使水表不受水压，将水表前的阀门关闭。

(2)水灭火管道系统安装。消防系统根据使用的灭火剂不同，可分为水灭火、气体灭火、泡沫灭火系统等。

1)室内消火栓灭火系统。

①消防给水管道。布置形式如图5.37～图5.39所示。

②消火栓。消火栓直径有50 mm、65 mm两种规格，进出口直径呈90°方向。进口带螺纹，出口带快速接头与水龙带上的快速接头相接。

③水龙带。水龙带为帆布或麻质纤维、玻璃纤维组成的软管，直径有50 mm、65 mm两种规格，长度一般有20 m、25 m两种。

④喷枪。喷枪有铝合金和玻璃钢制两种，进口直径有50 mm、65 mm两种规格，喷嘴直径有13 mm、16 mm、19 mm三种。

⑤消火栓箱。箱体用钢板或木板制成，箱门安装玻璃，箱内设置水龙带及喷枪、消火栓，如图5.40所示。通常安装在楼梯间、内

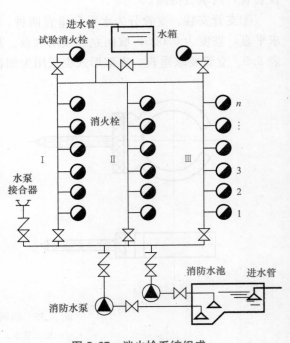

图5.37 消火栓系统组成

走廊等处；其出水口中心距地高度为 1.2 m，箱体安装分明装和暗装两种。

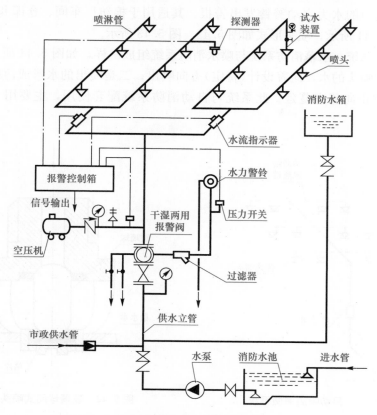

图 5.38 自动喷水干湿两用灭火系统组成

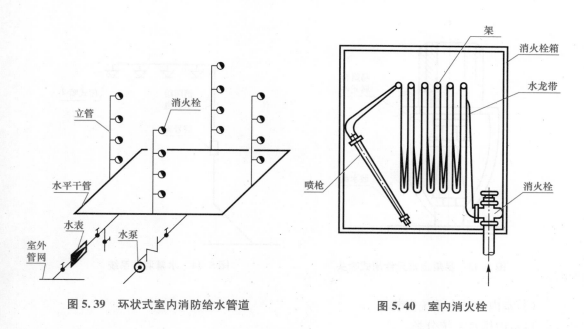

图 5.39 环状式室内消防给水管道   图 5.40 室内消火栓

2)喷水灭火系统。其工程过程为：当火灾发生时，火焰及热气使布置在天花板下的闭式喷头的玻璃球爆破(或易熔金属元件熔化)，水自喷头喷出，将火在较短时间内扑灭。与此同时，信号阀中的水力启动警铃发出警报。其适用于棉纺厂车间、仓库和公共建筑等。系统组成如图 5.41 所示，喷头形式如图 5.42、图 5.43 所示。

3)水幕消防系统。水幕消防系统与喷水消防系统组成一样，如图 5.44 所示。该系统的特点：一是闭式喷头的水，向着设计(特定)方向喷出；二是喷出的水形成薄的水幕，以隔离(断)火源，防止向邻室蔓延。此系统与自动消防系统配套使用，主要用于仓库、公共建筑。

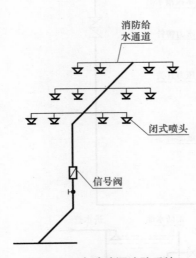

图 5.41　自动喷洒消防系统

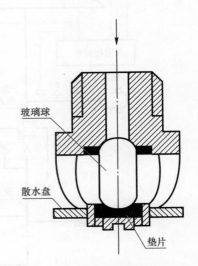

图 5.42　玻璃球闭式喷头

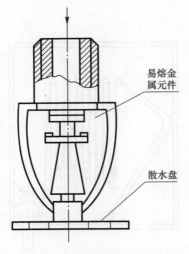

图 5.43　易熔金属元件闭式喷头

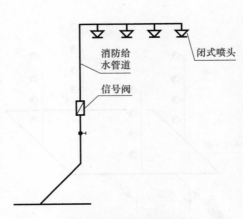

图 5.44　水幕消防系统

(3)室内外排水系统安装。

1)室内排水系统分类。

①生活污水系统。排除日常生活中产生的洗涤、粪便等污水。

②生产污(废)水系统。排除企业在生产过程中产生的污水和废水。其中，污水是指含有酸、碱等对人体有害物质的水；废水是指含有对人体无很大毒害的杂质或悬浮物等物质的水以及温度起变化的水。

③雨水系统。排除屋面的雨水或雪水。室内的三类排水系统中，主要的是生活污水排水系统。

2)室内生活污水排水系统。

①室内生活污水排水系统组成。其主要由卫生器具，排水支、干、立管及透气管和排出管等组成，如图 5.45 所示。

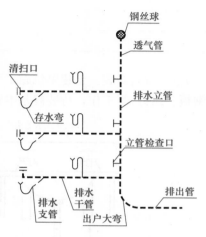

图 5.45 室内生活污水排水系统

a. 卫生器具。卫生器具包括洗脸盆、浴盆，大小便器、污水池等。卫生器具的材质目前有陶瓷、搪瓷、大理石、玻璃钢等。

b. 排水支管。排水支管是由卫生器具排出口至排水干管的管段。在卫生器具的排出口应设置存水弯，存水弯起水封的作用，以阻止有害昆虫和浊气进入室内。存水弯有 P、S 和盎形三种。

c. 排水干管。排水干管也称排水横管，其始端应装清扫口，以检查、疏通该管段之用。

d. 排水立管。在排水立管上每层楼应设置立管检查口一个，用以检查和疏通立管。

e. 透气管。透气管是排水立管的延伸，是由排水立管最高点的三通(或四通)起至屋顶外镀锌铁丝球止的垂直管段。设置透气管的目的是防止排水管道系统内、外的压力(大气压)不平衡，管内产生真空(负压)而破坏存水弯内的水封，并向室外排放浊气。所以透气管应伸出屋顶与大气相通，为防止杂物落入管内，该管顶装一镀锌钢丝球。

f. 排出管。排出管是由排水立管底的出户大弯中心点起至室外第一个下水井止的管段。排水管与排水立管相接的弯头，采用出户大弯，不得用 90°弯头代替，其目的是便于污水自流防止堵塞。

②室内生活污水排水系统安装。

a. 安装基本原则：经久耐用、不渗、不漏，不易堵塞，且便于检查和维修。

b. 排水管道安装程序一般为：排出管→立管→横管→支管→透气管，管道中 90°弯头以两个 45°弯头代替，三、四通采用斜(立体)式。建筑物高度在 6 层之内且卫生器具(大便器)较少时，可用两个 45°弯头代替出户大弯。

c. 排出管通常为埋地铺设，埋深在当地冰冻线以下；安装完成后应进行灌水试验，经检查合格后方可回填土(或盖沟盖板)。

d. 排水立管一般位于厕所或厨房间的一角，垂直安装；每层楼设角钢支架一个。

e. 透气管应垂直安装，其伸出屋面的高度：普通屋面为 0.7 m，多用途屋面为 1.8 m。

f. 排水支、干管底层埋地或地沟铺设，二层以上多采用悬臂式角钢支架或吊卡架空铺设，支架之间间距不大于 2 m。坡度见表 5.15。

表 5.15　生活污水管道坡度

规格	标准坡度	最小坡度
DN50	0.035	0.025
DN75	0.025	0.015
DN100	0.020	0.012
DN150	0.010	0.007
DN200	0.008	0.005

③卫生器具安装。土建单位施工卫生间时，安装人员应密切配合进行预留(孔洞)和预埋(钢板、螺钉)等工作，待装修基本完工时再安装卫生器具，如图5.46~图5.56所示。

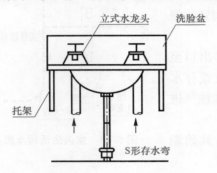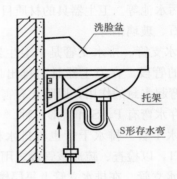

图 5.46　洗脸盆安装

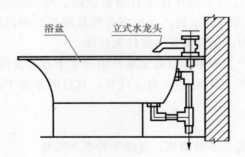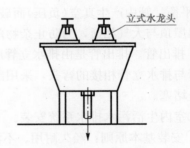

图 5.47　浴盆安装

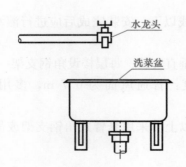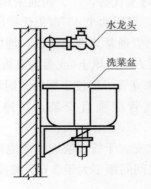

图 5.48　洗菜盆安装

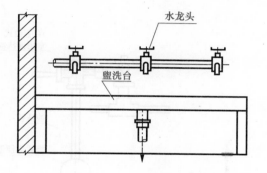

图 5.49　盥洗台安装

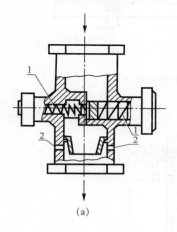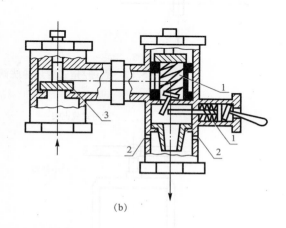

（a）　　　　　　　　　　（b）

图 5.50　专用冲洗阀

（a）直通式；（b）直角式

1—弹簧；2—气孔；3—活塞

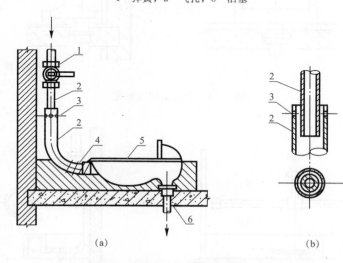

（a）　　　　　　　　　　（b）

图 5.51　普通冲洗阀蹲式大便器安装

（a）普通冲洗阀蹲式大便器安装；（b）节点图

1—球阀（冲洗阀）；2—冲洗管；3—气孔；4—胶皮大小头；5—蹲式大便器；6—排水立支管

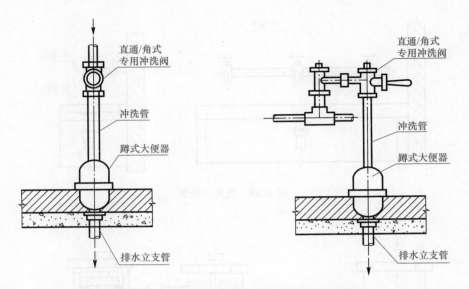

图 5.52 直通/角式专用冲洗阀蹲式大便器安装

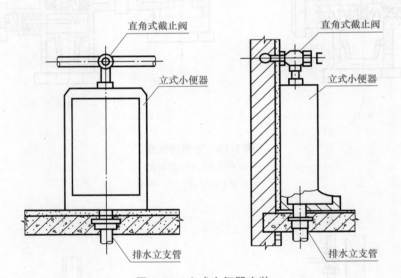

图 5.53 立式小便器安装

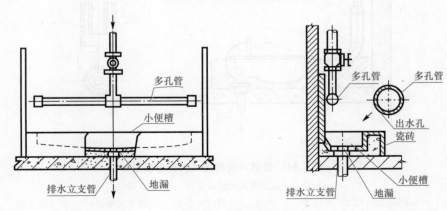

图 5.54 小便槽安装

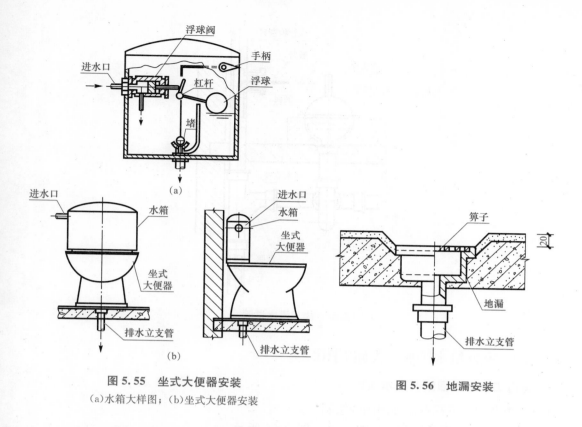

图 5.55　坐式大便器安装

(a)水箱大样图；(b)坐式大便器安装

图 5.56　地漏安装

3)屋面雨水排水系统。屋面雨水排水系统通常分为内排水系统和外排水系统，内排水系统适用于厂房和平屋顶的高层建筑。外排水系统又分为天沟外排水和水落管外排水系统两种。其中，天沟适用于多跨厂房，水落管适用于居住建筑和屋面面积较小的公共建筑等，如图 5.57 所示。

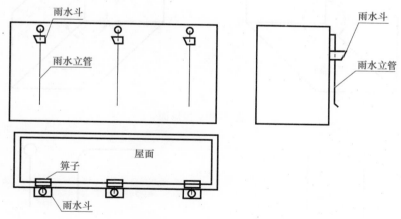

图 5.57　水落管外排水系统

4)楼层灌水试验。室内排水系统安装完毕后，应分系统进行灌水(也称为闭水)试验。试验时，灌水至规定高度后停 20~30 min 进行检查、观察，以液(水)面不下降、不渗漏为合格，如图 5.58 所示。试验完毕后及时将水放净(以防冬季复温时冻裂管道)。

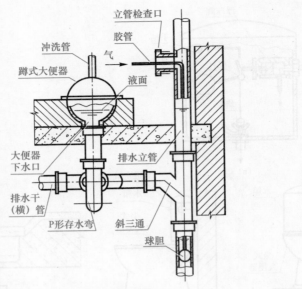

图 5.58　楼层灌水试验

5.2.2　室内给水排水工程施工图识读

1. 管道工程施工图绘制基本知识

(1)管道及阀门三视图及轴测图的绘制。

1)平、立、侧面图的绘制，如图 5.59～图 5.65 所示。

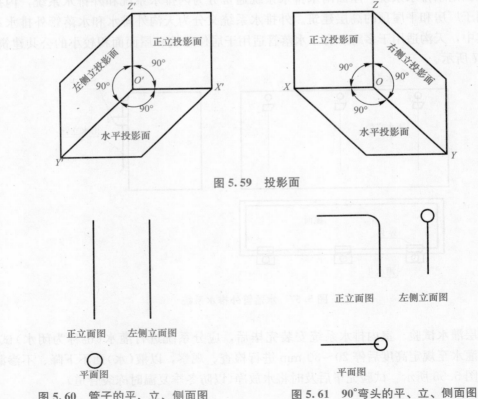

图 5.59　投影面

图 5.60　管子的平、立、侧面图　　　　图 5.61　90°弯头的平、立、侧面图

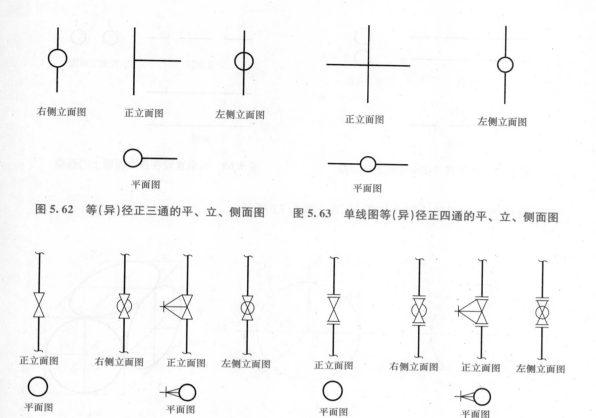

图 5.62 等(异)径正三通的平、立、侧面图

图 5.63 单线图等(异)径正四通的平、立、侧面图

图 5.64 内螺纹截止阀的平、立、侧面图
(a)未表示手轮；(b)表示手轮

图 5.65 法兰截止阀的平、立、侧面图
(a)未表示手轮；(b)表示手轮

2)管道的交叉与重叠，如图 5.66~图 5.69 所示。

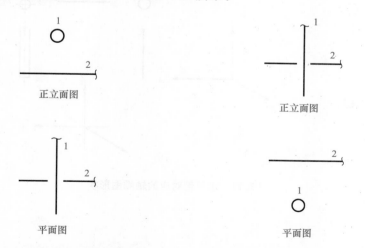

图 5.66 两条直管在平面图上的交叉

图 5.67 两条直管在正立面图上的交叉

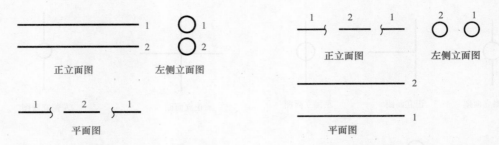

图 5.68　两条直管在平面图上的重叠　　　　图 5.69　两条直管在正立面图上的重叠

3)管道的轴测图的绘制，如图 5.70～图 5.73 所示。

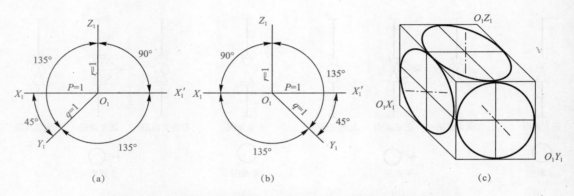

图 5.70　斜等轴测图的轴测轴、轴间角与双线图管口在该图的形状

(a)O、Y，向左斜；(b)O、Y，向右斜；(c)双线图管口的形状

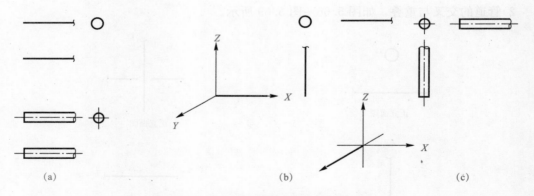

图 5.71　水平管对应的轴测图形状

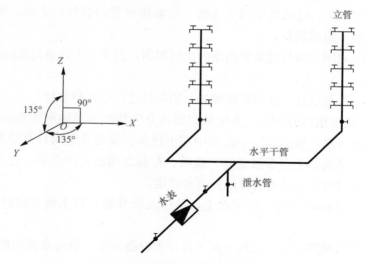

图 5.72　各类管道对应的轴测图形状

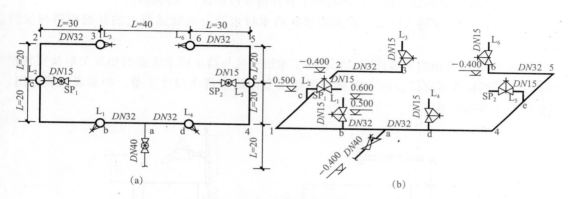

图 5.73　某管道工程平面图与轴测图对比

(a)平面图；(b)轴测图

2. 管道工程施工图识读基本知识

(1)识读顺序。设计说明→给水排水平面图→给水排水系统图→详图。

(2)设计说明。设计说明用于反映设计人员的设计思路及用图无法表示的部分，同时，也反映设计者对施工的具体要求，主要包括设计范围、工程概况、管材的选用、管道的连接方式、卫生洁具的安装、标准图集的代号等。

主要材料统计表，设计者为使图纸能顺利实施而规定的主要材料的规格型号。小型施工图可省略此表。

(3)给水排水平面图。给水排水平面图表示建筑物内给水排水管道及卫生设备的平面布置情况，包括如下内容：

1)用水设备的类型及位置。

2)各立管、水平干管、横支管的各层平面位置、管径尺寸、立管编号以及管道的安装方式。

3)各管道零件，如阀门、清扫口的平面位置。

4)在底层平面图上，还反映给水引入管、污水排出管的管径、走向、平面位置及与室外给水、排水管网的组成联系。

5)给水排水平面图比例与建筑平面图的比例相当，但在卫生设备复杂的房间，用1∶50或1∶30的比例。

6)图中注明层次与层高，注明定位轴线、轴间尺寸，绘制指北针。

(4)给水排水系统图(轴测图)。系统轴测图可分为给水系统轴测图和排水系统轴测图，它是用轴测投影的方法，根据各层平面图中卫生设备、管道及竖向标高绘制而成的，分别表示给水排水管道系统的上、下层之间，前后、左右之间的空间关系。在系统中除注有各管径尺寸及立管编号外，还注有管道的标高和坡度。

1)识读给水系统轴测图时，自下而上，从引入管开始，沿水流方向经过干管、立管、支管到用水设备。

2)识读排水系统轴测图时，可从上而下自排水设备开始，沿污水流向经横支管、立管、干管到总排出管。

3)在给水排水管网轴测图中，还表明了各管道穿过楼板、墙的标高。

(5)详图。详图又称大样图，它表明某些给水排水设备或管道节点的详细构造与安装要求。

图5.74是拖布池的安装详图，它表明了水池安装与给水排水管道的相互关系及安装控制尺寸。有些详图可直接查阅有关标准图集或室内给水排水设计手册，如水表安装详图、卫生设备安装详图等。

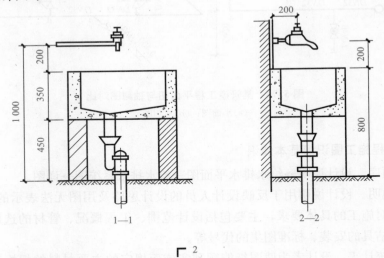

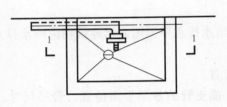

图5.74 拖布池安装详图

3. 管道工程施工图识读与管路分析

管道工程图的识读方法与电气施工图类似，顺序一般为：施工说明→平面图→系统图（轴测图）→大样详图。

(1)室外给水排水平面图。某室外给水排水平面图如图 5.75(a)所示，其图例如图 5.75(b)所示。图中表示了三种管道：一是给水管道；二是污水排水管道；三是雨水排水管道。下面分别对以上三种管道进行识读分析。

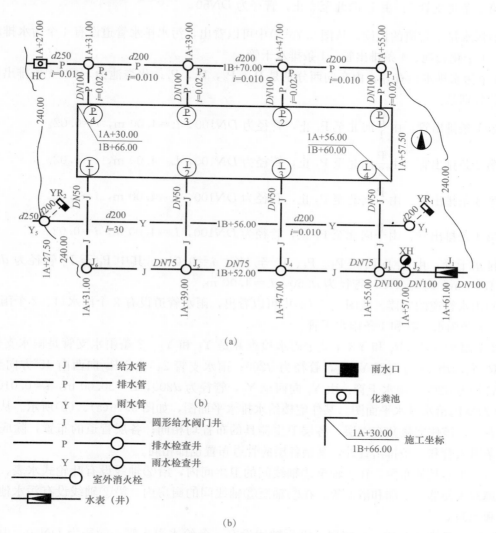

(a)

(b)

图 5.75　某室外给水排水平面图及图例

(a)平面图；(b)图例

1)给水管道的识读。从图中可以看出，给水管道设有 6 个节点、6 条管道。6 个节点是：J_1 为水表井，J_2 为消火栓井，$J_3 \sim J_6$ 为阀门井。6 条管道是：

第 1 条是干管：由 J_1 向西至 J_6 止，管径由 $DN100$ 变为 $DN75$。

第 2 条是支管 1：由 J_2 向北至 XH 止，管径为 $DN100$。

第 3 条是支管 2：由 J_3 向北至 $\dfrac{J}{4}$ 止，管径为 $DN50$。

第 4 条是支管 3：由 J_4 向北至 $\dfrac{J}{3}$ 止，管径为 $DN50$。

第 5 条是支管 4：由 J_5 向北至 $\dfrac{J}{4}$ 止，管径为 $DN50$。

第 6 条是支管 5：由 J_6 向北至 $\dfrac{J}{3}$ 止，管径为 $DN50$。

2）污水排水管道的识读。从图 5.75(a) 中可以看出，污水排水管道设有 4 个污水排水检查井、1 个化粪池、4 条排出管、1 条排水干管。

4 个污水排水检查井，由东向西分别是 P_1、P_2、P_3、P_4；化粪池为 HC。4 条排出管由东向西分别是：

第 1 条排出管：由 $\dfrac{P}{1}$ 向北至 P_1 止，管径为 $DN100$，$L=4.00$ m，$i=0.02$。

第 2 条排出管：由 $\dfrac{P}{2}$ 向北至 P_2 止，管径为 $DN100$，$L=4.00$ m，$i=0.02$。

第 3 条排出管：由 $\dfrac{P}{3}$ 向北至 P_3 止，管径为 $DN100$，$L=4.00$ m，$i=0.02$。

第 4 条排出管：由 $\dfrac{P}{4}$ 向北至 P_4 止，管径为 $DN100$，$L=4.00$ m，$i=0.02$。

排水干管：由 P_1 向西经 P_2、P_3、P_4 至 HC，$i=0.010$，其中 P_1 至 P_4 管径为 $d200$，$L=24.00$ m；P_4 至 HC，管径为 $d250$，$L=4.00$ m。

3）雨水管道的识读。从图 5.75(a) 中可以看出，雨水管道设有 2 个雨水口、2 个雨水检查井、2 条雨水支管和 1 条雨水干管。

2 个雨水口是 YR_1 和 YR_2；2 个雨水检查井是 Y_1 和 Y_2。2 条雨水支管是雨水支管 1：由 YR_1 向西南 45°方向至 Y_1 止，管径为 $d200$；雨水支管 2：由 YR_2 向西南 45°方向至 Y_2 止，管径为 $d200$。雨水干管：由 Y_1 向西至 Y_2，管径为 $d200$，$L=30.00$ m，$i=0.010$。

（2）室内给水排水平面图。某住宅楼给水排水平面图，如图 5.76(a)、(b) 所示。从图上可以看出，该住宅楼共有六层，各层卫生器具的布置均相同；各层管道的布置，除底层设有一条引入管和一条排出管外，其余各层的管道布置也都相同。

1）卫生器具的布置。在①轴至②轴线间的卫生间内，沿②轴线设有叶轮式水表、洗脸盆、蹲式大便器、地漏和浴盆等。在②轴至③轴线间的厨房内，沿②轴线设有污水池、贮水池和地漏等。

2）给水管道的布置。在底层，沿Ⓒ轴线设有一条给水引入管，管径为 $DN50$，由室外引入室内至墙角处的给水立管（JL）止；然后由该立管接出给水干管，沿②轴线经内螺纹截止阀、叶轮式水表，向洗脸盆、蹲式大便器、贮水池和浴盆供水。管径由 $DN25$ 变为 $DN15$。

3）排水管道的布置。在底层卫生间的东南角，设有一根 $DN150$ 的排水立管（PL）。沿②轴线设有 $DN100$ 排水干管和一条 $DN150$ 的排水管。卫生间内洗脸盆、蹲式大便器、浴盆和地坪的污水，经排水干管、排水立管和排出管排出至室外（检查井）。厨房内污水池和地平的污水，经排水支管、排水干管、排水立管和排出管排至室外（检查井）。

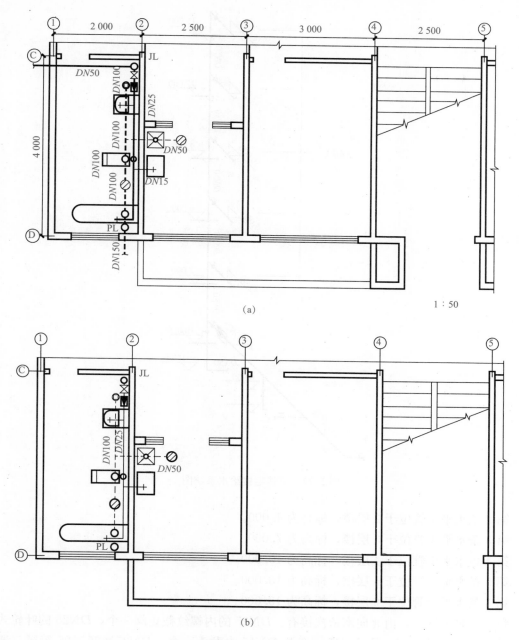

图 5.76 某住宅楼给水排水平面图

(a)底层平面图；(b)2～6 层平面图

(3)给水排水系统图。某住宅楼给水系统图，如图 5.77 所示。从图上可以看出，DN50 的引入管标高为−1.200，由西向东至立管(JL)下端的 90°弯头止；然后 DN50 的立管(JL)垂直向上，穿出底层地平±0.000；继续垂直向上至标高为 16.000 的 90°弯头止。

在立管(JL)上共接出 6 条水平干管，每条水平干管始端的管径为 DN25，末端的管径为 DN15。

第 1 条水平干管位于底层楼，标高为 1.000。

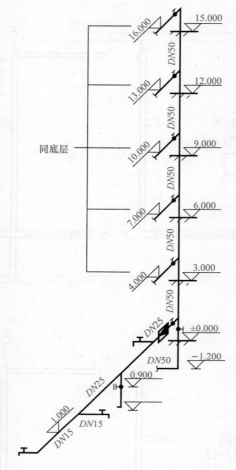

图 5.77　某住宅楼给水系统图

第 2 条水平干管位于 2 层楼，标高为 4.000。

第 3 条水平干管位于 3 层楼，标高为 7.000。

第 4 条水平干管位于 4 层楼，标高为 10.000。

第 5 条水平干管位于 5 层楼，标高为 13.000。

第 6 条水平干管位于 6 层楼，标高为 16.000。

每条水平干管上，由北向南依次接有：DN25 的内螺纹截止阀一个，DN25 的叶轮式水表一组，DN25×25×15 异径三通一个及 DN15 水龙头一个，DN25×25×25 等径三通一个及 DN25 专用冲洗阀一个，DN25×15×15 异径三通一个及 DN15 水龙头一个，DN15 的弯头一个及 DN15 的水龙头一个。

某住宅楼排水系统图，如图 5.78 所示。从图上可以看出，DN150 的排出管，标高为 −1.600，坡度 $i=0.010$，由室内排水立管(PL)底至室外(检查井)止；DN150 的排水立管(PL)，由标高 −1.600 至标高 14.600 DN150×150×100 异径斜三通止；DN150 的透气管，由标高 14.600 至屋面以上镀锌铁丝球止。

同时还可以看出，在排水立管(PL)上设有 6 个立管检查口(每层一个)，并有 6 条排水干管与排水立管(PL)相接；每条排水干管的管径为 DN100，坡度 $i=0.020$。

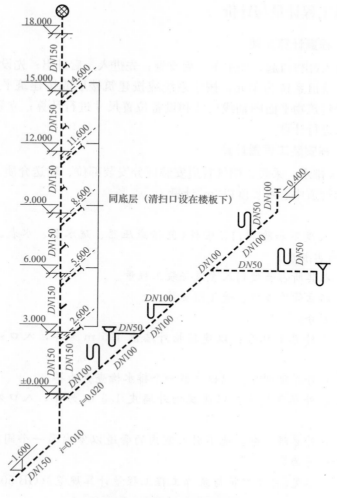

图 5.78　某住宅楼排水系统图

第 1 条排水干管，位于底层楼地平以下，标高为 -0.400。

第 2 条排水干管，位于 2 层楼楼板以下，标高为 2.600。

第 3 条排水干管，位于 3 层楼楼板以下，标高为 5.600。

第 4 条排水干管，位于 4 层楼楼板以下，标高为 8.600。

第 5 条排水干管，位于 5 层楼楼板以下，标高为 11.600。

第 6 条排水干管，位于 6 层楼楼板以下，标高为 14.600。

每条排水干管上由北向南依次接有：DN100 的清扫口一个；DN100 的 45°弯头两个（2 至 6 层无）；DN100×100×50 异径斜三通一个及 DN50 的 S 形存水弯一个；DN100×100×50 异径斜三通一个及排水支管上 DN50×50×50 等径斜三通一个，DN50 的 S 形、P 形存水弯各一个；DN100×100×100 等径斜三通一个及 DN100 的 P 形存水弯一个；DN100×100×50 异径斜三通一个及 DN50 的 P 形存水弯一个；DN100×100×50 异径斜三通一个及 DN50 的 S 形存水弯一个；DN150×150×100 异径斜三通一个。

5.2.3　管道工程计量与计价

1. 管道系统工程量计算要领

计算顺序：由入(出)口起，先主干，后支管；先进入，后排出；先设备，后附件。

计算要领：以管道系统为单元，按小系统或按建筑楼层或按建筑平面特点划片计算。水平管的长度借用建筑物平面图轴线尺寸和设备位置尺寸进行计算；立管长度用管道系统图、剖面图的标高进行计算。

2. 管道系统工程安装工程量计算

(1)管道。给水排水、采暖、燃气管道安装区分安装部位、输送介质、规格型号、连接方式等按设计图示管道中心线长度以"m"计量。

注意事项：

1)管道中心线长度不扣除阀门、管件(包括减压器、疏水器、水表、伸缩器等组成安装)及附属构筑物所占长度。

2)方形补偿器以其所占长度列入管道安装工程量。

3)排水管道包括立管检查口、透气帽安装。

4)管道界限的划分。

①给水管道室内外界限划分：以建筑物外墙皮 1.5 m 为界，入口处设阀门者以阀门为界。

②排水管道室内外界限划分：以出户第一个排水检查井为界。

③采暖管道室内外界限划分：以建筑物外墙皮 1.5 m 为界，入口处设阀门者以阀门为界。

④燃气管道室内外界限划分：地下引入室内的管道以室内第一个阀门为界，地上引入室内的管道以墙外三通为界。

⑤管沟土方算量参见《房屋建筑与装饰工程工程量计算规范》(GB 50854—2013)相关项目规定列项计算。

(2)支架、套管安装。

1)管道、设备支架按设计图示数量或质量以"kg/套"计量，单个支架质量 1 000 kg 以上的管道支吊架执行设备支吊架工程量计算规则。

2)套管按设计图示数量以"个"计量，适用于穿基础、墙、楼板等部位的防水套管、填料套管、无填料套管及防火套管等。

(3)管道附件安装。各类阀门、水表、减压器、疏水器、过滤器及补偿器等管道附件均按设计图示数量以"个/套/组"计量。

(4)卫生器具安装。各类洗涤盆、大/小便器、浴缸、热水器等卫生器具均按设计图示数量以"个/套/组"计量，器具安装中若采用混凝土或砖基础，应按现行国家标准《房屋建筑与装饰工程工程量计算规范》(GB 50854—2013)相关项目规定列项计算。

(5)卫生器具安装。各类洗涤盆、大/小便器、浴缸、热水器等卫生器具均按设计图示数量以"个/套/组"计量，器具安装中若采用混凝土或砖基础，应按现行国家标准《房屋建筑与装饰工程工程量计算规范》(GB 50854—2013)相关项目规定列项计算。

(6)水灭火系统安装。

1)水喷淋钢管、消火栓钢管按设计图示管道中心线以长度"延长米"计量，不扣除阀门、管件及各种组件所占长度。

2)各类喷头、报警装置、水流指示器、消火栓、灭火器等均按设计图示数量以"个/套/组"计量，其中喷头安装部位应区分有吊顶、无吊顶。

3. 室内给水排水工程定额、清单的内容及注意事项

(1)定额内容。室内给水排水管道安装工程使用的是《广东省安装工程综合定额(2010版)》第八册《给水排水、采暖、燃气工程》中的第1章"管道安装"、第2章"阀门、水位标尺安装"、第3章"低压器具、水表组成与安装"以及第4章"卫生器具制作安装"中的相关内容。具体内容见表5.16。

表 5.16 《给水排水、采暖、燃气工程》定额项目设置部分内容

章目	章节内容
第1章 管道安装	包括室外管道安装、室内管道安装、无缝黄铜及紫铜橄型垫圈(抓揽)管道安装、金属波纹管安装、钢管安装(沟槽式卡箍连接)、套管制作安装、管道支架制作安装、法兰安装、伸缩器制作安装、阻火圈安装、管道消毒冲洗、无缝黄铜及紫铜管热煨弯头(45°~90°)、辅助工程
第2章 阀门、水位标尺安装	包括阀门安装、浮标液面计水塔及水池浮漂水位标尺制作安装、可曲挠橡胶接头安装、Y型过滤器安装等
第3章 低压器具、水表组成与安装	包括减压器组成安装、疏水器组成安装、水表组成安装、螺纹水表配驳喉组合安装、焊接法兰水表配承插盘短管安装、水锤消除器安装等
第4章 卫生器具制作安装	包括浴盆、净身盆安装，洗脸盆、洗手盆安装，洗涤盆、化验盆安装，淋浴器组成安装，大便器、小便器安装，水龙头安装，排水栓安装，地漏安装，地面扫除口安装，开水炉安装，电热水器、开水炉安装，容积式热交换器安装，蒸汽—水加热器、冷热水混合器安装，消毒器、消毒锅、饮水器安装等

(2)定额使用注意事项。

1)本章定额包括管道安装，阀门、水位标尺安装，低压器具、水表组成与安装，卫生器具制作安装，供暖器具安装，小型容器制作安装，燃气管道、附件、器具安装，庭院喷灌及喷泉水设备安装等内容，适用于新建、扩建项目中的生活给水、排水、燃气、采暖热源管道以及附件、配件安装，小型容器制作安装。

2)工业管道、生产生活共用的管道、锅炉房和泵房配管以及高层建筑物内加压泵间的管道应使用第六册《工业管道工程》相应项目。

3)管道刷油、防腐蚀、绝热工程执行第十一册《刷油、防腐蚀、绝热工程》相应项目。

(3)清单内容。室内给水排水管道安装工程清单计价使用的是《建设工程工程量清单计价规范》(GB 50500—2013)、《通用安装工程工程量计算规范》(GB 50856—2013)中的附录K"给水排水、采暖、燃气工程"中的相关内容。具体内容见表5.17。

表 5.17 《通用安装工程工程量计算规范》(GB 50856—2013)部分项目设置内容

项目编码	项目名称	分项工程项目
031001	给水排水、采暖、燃气管道	包括镀锌钢管、钢管、不锈钢管、铜管、铸铁管、塑料管、复合管、直埋式预制保温管、承插陶瓷缸瓦管、承插水泥管、室外管道碰头、燃气管道气压总体试验(粤)共 12 个分项工程项目
031002	支架及其他	包括管道支架、设备支架、套管共 3 个分项工程项目
031003	管道附件	包括螺纹阀门、螺纹法兰阀门、焊接法兰阀门、带短管甲乙阀门、塑料阀门、减压器、疏水器、除污器(过滤器)、补偿器、软接头(软管)、法兰、倒流防止器、水表、热量表、塑料排水管消声器、浮标液面计、浮漂水位标尺共 17 个分项工程项目
031004	卫生器具	包括浴缸、净身盆、洗脸盆、洗涤盆、化验盆、大便器、小便器、其他成品卫生器具、烘手器、淋浴器、淋浴间、桑拿浴房、大小便槽自动冲洗水箱、给水排水附(配)件、小便槽冲洗管、蒸汽-水加热器、冷热水混合器、饮水器、隔油器共 19 个分项工程项目

(4)清单使用注意事项。

1)管道界限的划分：

①给水管道室内外界限划分：以建筑物外墙皮 1.5 m 为界,入口处设阀门者以阀门为界。

②排水管道室内外界限划分：以出户第一个排水检查井为界。

③采暖管道室内外界限划分：以建筑物外墙皮 1.5 m 为界,入口处设阀门者以阀门为界。

④燃气管道室内外界限划分：地下引入室内的管道以室内第一个阀门为界,地上引入室内的管道以墙外三通为界。

2)管道安装：

①排水管道安装包括立管检查口、透气帽。

②管道工程量计算不扣除阀门、管件(包括减压器、疏水器、水表、伸缩器等组成安装)及附属构筑物所占长度;方形补偿器以其所占长度列入管道安装工程量。

3)支架安装：

①单件支架质量 100 kg 以上的管道支架执行设备支、吊架制作安装。

②成品支架安装执行相应管道支架或设备支架项目,不再计取制作费,支架本身价值含在综合单价中。

4)法兰阀门安装包括法兰连接,不得另计。

5)清单中"给水排水附(配)件"是指独立安装的水嘴、地漏、地面扫除口等。

5.3 任务实施

5.3.1 任务一

给水排水材料施工用量见表 5.18 和表 5.19。

表 5.18 某住宅楼室内给水系统设备、材料施工用量表   ％

序号	名称	规格型号	单位	数量	备注
1	陶瓷洗脸盆	挂式 13102 型	组	4	带玻璃钢存水弯、零件、托架
2	陶瓷蹲式大便器	踏式 6203 型	组	4	带胶皮大小头
3	燃气热水器	10 L/min	组	4	
4	铝合金地漏	DN50	组	8	2×4
5	白铁管	DN32	m	14.8	1+3+10.2+0.6
6	白铁管	DN25	m	12.4	[0.35+0.5+0.5+0.7+(1.2−0.15)]×4
7	白铁管	DN15	m	7.6	[0.9+0.4+(1.4−1.2)+0.4(热水器预留)]×4
8	黑铁套管	DN50	个/m	4/0.56	(0.12+0.02)×4
9	叶轮式水表	DN25	组	4	
10	普通水龙头	DN15	个	4	
11	内螺纹截止阀	DN32	个	1	
12	内螺纹截止阀	DN25	个	4	
13	铜球阀	DN15	个	4	
14	直通式专用冲洗阀	DN25	个	4	
15	白铁活接头	DN32	个	1	
16	白铁弯头（等径）	DN32	个	2	
17	白铁异径弯头	DN32×25	个	1	顶层
18	白铁等径弯头	DN15	个	12	3×4
19	白铁异径三通	DN32×32×25	个	3	
20	白铁异径三通	DN25×25×15	个	4	
21	白铁等径三通	DN25×25×25	个	4	
22	白铁大小头	DN25×15	个	4	
23	塑料管卡	DN32～DN15	个	20	DN32 每层 1 个，DN25 每层 2 个，DN15 每层各 2 个
24	生料带、石棉绳等				略

注：1. 表中管材数量包括管件、附件所占长度；
　　2. 表中管材、管件和附件未计损耗量。

表 5.19 某住宅楼室内排水系统设备、材料施工用量表

序号	名称	规格型号	单位	数量	备注
1	排水铸铁管	DN100	m	30.7	干管(2＋12.7＋1.5)＋支管(0.5＋0.5＋0.7＋0.9＋0.2＋0.3＋0.4 地漏预留)×4＋底层清扫口预留 0.5
2	排水铸铁管	DN50	m	4.8	(0.4＋0.4＋0.4)×4
3	铸铁清扫口	DN100	个	4	
4	铸铁立管检查口	DN100	个	4	
5	铸铁存水弯	DN100 P 型	个	4	
6	铸铁存水弯	DN50 P 型	个	8	2×4
7	铸铁等径斜三通	DN100×100×100	个	8	4＋4
8	铸铁等径斜三通	DN100×100×50	个	12	3×4
9	铸铁弯头	DN100，45°	个	4	底层末端及底层清扫口处
10	铸铁出户大弯	DN100	个	1	
11	透气帽	DN100	个	1	
12	角钢支架		个	10	排水立管4＋水平干管2×3(水平管每2 m 设置一个)
13	圆钢吊架		个	12	3×4 地漏和蹲式大便器的存水弯设置
14	黑铁套管	DN150	个/m	5/0.7	(0.12＋0.02)×5
15	水泥、油麻、油灰、铜丝及石棉绳				略

注：1. 表中管材数量包括管件所占长度；
　　2. 表中管材、管件和附件未计损耗量；
　　3. 表中材料未计刷油和大便器两侧的混凝土。

5.3.2　任务二

(1)工程量计算见表 5.20。

表 5.20　清单工程量计算表

序号	清单项目名称	清单工程量计算过程	单位	清单工程量
1	铸铁排水管 DN50 明装	0.4×8	m	3.2
2	铸铁排水管 DN80 明装	0.2×8＋0.3×8	m	4
3	铸铁排水管 DN100 明装	0.4×2×8＋(0.5＋0.7＋0.5)×8＋27.7	m	47.7
4	铸铁排水管 DN100 埋地敷设	0.8＋5.2	m	6
5	铸铁排水管 DN150 穿墙	(0.02＋0.12)×9	m	1.26

（2）分部分项工程量清单以及明装铸铁排水管 DN100 的综合单价见表 5.21 和表 5.22。

表 5.21　分部分项工程量清单

序号	项目编码	项目名称	项目特征描述	计量单位	工程量
1	031001005001	铸铁管	1. 室内承插铸铁排水管 DN50 2. 水泥接口 3. 刷防锈漆一遍、银粉漆二遍	m	3.2
2	031001005002	铸铁管	1. 室内承插铸铁排水管 DN80 2. 水泥接口 3. 刷防锈漆一遍、银粉漆二遍	m	4
3	031001005003	铸铁管	1. 室内承插铸铁排水管 DN100 2. 水泥接口 3. 刷防锈漆一遍、银粉漆二遍	m	47.7
4	031001005004	铸铁管	1. 室内承插铸铁排水管 DN100 2. 水泥接口 3. 埋地敷设 4. 刷沥青漆二遍	m	6
5	031001005005	铸铁管	1. 室内承插铸铁排水管 DN150 2. 水泥接口 3. 穿板套管 4. 刷沥青漆二遍	m	1.26

表 5.22　综合单价分析表

项目编码	031001005003	项目名称		铸铁管		计量单位		m	工程量	47.7

				清单综合单价组成明细								
定额编号	定额名称	定额单位	数量	单价					合价				
				人工费	材料费	机械费	管理费	利润	人工费	材料费	机械费	管理费	利润
C8-1-252	室内承插铸铁排水管	10 m	0.1	138.57	298.41	—	38.41	24.94	13.86	29.84	—	3.84	2.49
C11-2-1	刷红丹防锈漆一遍	10 m²	0.034 54	10.20	2.33	—	2.10	1.84	0.35	0.08	—	0.07	0.06
C11-2-32	刷银粉漆一遍	10 m²	0.034 54	9.84	3.40	—	2.02	1.77	0.34	0.12	—	0.07	0.06
C11-2-33	刷银粉漆二遍	10 m²	0.034 54	9.44	2.27	—	1.94	1.70	0.33	0.08	—	0.07	0.06
人工单价		小计(元/m)							14.88	30.12		4.05	2.67

51 元/工日	未计价材料费				31.07			
清单项目综合单价					82.79			

材料费明细	主要材料名称、规格、型号	单位	数量	单价/元	合价/元	暂估单价/元	暂估合价/元
	铸铁排水管 DN100	m	47.7×0.89=42.45	34.00	1 443.30		
	红丹防锈漆	kg	1.47×1.648=2.42	11.50	27.83		
	银粉漆	kg	(0.67+0.63)×1.648=2.14	9.50	10.83		
	其他材料费				—		
	材料费小计			—	31.07	—	

5.3.3　任务三

管沟土方工程部分的分部分项工程量清单以及综合单价分析见表 5.23 和表 5.24。

表 5.23　分部分项工程量清单

序号	项目编码	项目名称	项目特征描述	计量单位	工程量
1	010101007001	管沟土方	三类土，无地下水；管道外径 470 mm；管沟平均深度 1.8 m，管道基础宽度 0.63 m；原土开挖和松填	m	40

表 5.24　综合单价分析表

项目编码	010101007001		项目名称	管沟土方		计量单位		m	工程量	40
清单综合单价组成明细										

定额编号	定额名称	定额单位	数量	单价					合价				
				人工费	材料费	机械费	管理费（二类地区）	利润	人工费	材料费	机械费	管理费	利润
D1-1-12	人工挖沟槽、基坑 三类土，深度在 2 m 内	100 m³	1.431 9	2 579.12	—	—	194.72	464.24	3 693.04	—	—	278.82	664.75
D1-1-122	填土（松填）	100 m³	1.359 5	353.89	—	—	26.72	63.70	481.11	—	—	36.33	86.60
人工单价			小计/(元·m⁻³)						4 174.15	—	—	315.15	751.35
51 元/工日			未计价材料费										

	清单项目综合单价/(元·m⁻¹)				\multicolumn{4}{c}{5 240.65/40＝131.02}

材料费明细	主要材料名称、规格、型号	单位	数量	单价/元	合价/元	暂估单价/元	暂估合价/元
	其他材料费			—	—		
	材料费小计			—	—		

5.3.4　任务四

该工程法兰阀门的综合单价分析见表 5.25。

表 5.25　综合单价分析表

项目编码	031003003001		项目名称			焊接法兰阀门			计量单位	个	工程量	35

\multicolumn{13}{c}{清单综合单价组成明细}

定额编号	定额名称	定额单位	数量	单价					合价				
				人工费	材料费	机械费	管理费	利润	人工费	材料费	机械费	管理费	利润
C8-2-21	焊接法兰阀安装公称直径(100 mm以内)	个	1	37.59	22.31	18.32	9.07	6.77	37.59	22.31	18.32	9.07	6.77
	管井内施工增加费	%	25	9.40				1.69	9.40				1.69
	高层建筑增加费	%	2	0.75				0.14	0.75				0.14
人工单价			小计/(元·m⁻¹)						47.74	22.31	18.32	9.07	8.60
51元/工日			未计价材料费						\multicolumn{5}{c}{320.00}
			清单项目综合单价						\multicolumn{5}{c}{106.04＋320＝426.04}

材料费明细	主要材料名称、规格、型号	单位	数量	单价/元	合价/元	暂估单价/元	暂估合价/元
	法兰闸阀安装 Z41 T—10 DN125	个	35	230.00	8 050.00		
	焊接法兰 1.0 MPa DN100	片	70	45.00	3 150.00		
	其他材料费			—	—		
	材料费小计			—	320		

5.3.5　任务五

该工程卫生器具部分的分部分项工程量清单以及陶瓷低水箱坐便器安装的综合单价分析见表 5.26 和表 5.27。

表 5.26　分部分项工程量清单

序号	项目编码	项目名称	项目特征描述	计量单位	工程量
1	031003013001	水表	全铜螺纹水表 LXS—20	组	1
2	031004004001	洗涤盆	不锈钢洗涤盆 1402 型（配镀铬角阀，不锈钢 S 形存水弯）	组	1
3	031004003001	洗脸盆	陶瓷冷水立式洗涤盆 1403 型（配镀铬角阀，不锈钢 S 形存水弯）	组	1
4	031004006001	大便器	陶瓷低水箱坐便器 W797 型（配镀铬角阀）	组	1
5	031004014001	水龙头	铜镀铬水龙头 DN15	个	2
6	031004014002	地漏	PVC—U 塑料水封地漏 DN50	个	2
7	03B001	分水器	全铜分水器一进三出铜 T2	组	1

表 5.27　综合单价分析表

项目编码	031004006001		项目名称	大便器			计量单位	组	工程量	1

清单综合单价组成明细

定额编号	定额名称	定额单位	数量	单价					合价				
				人工费	材料费	机械费	管理费	利润	人工费	材料费	机械费	管理费	利润
C8-4-43	陶瓷低水箱坐便器 W797 型	10 组	0.1	565.28	304.73	—	104.52	84.79	56.53	30.47	—	10.45	8.48
人工单价				小计/(元·m⁻¹)					56.53	30.47	—	10.45	8.48
80 元/工日				未计价材料费						614.08			
清单项目综合单价									105.93＋614.08＝720.01				

材料费明细	主要材料名称、规格、型号	单位	数量	单价/元	合价/元	暂估单价/元	暂估合价/元
	陶瓷低水箱坐便器 W797 型	套	1.01	580.00	585.80		
	镀铬角阀 DN15	个	1.01	28.00	28.28		
	其他材料费			—			—
	材料费小计			—	614.08		—

习　题

一、单项选择题

1. 近年来在大型的高层民用建筑中，室内给水系统的总立管宜采用的管道为（　　）。

A. 球墨铸铁管   B. 无缝钢管

C. 给水硬聚氯乙烯管   D. 给水聚丙烯管

参考答案

2. 具有抗腐蚀性能好，可伸缩，可冷弯，内壁光滑并耐较高温，适用于输送热水，但紫外线照射会导致老化，易受有机溶剂侵蚀，此塑料管为（   ）。

    A. 聚乙烯管　　　　　　　　　　　B. 聚丙烯管

    C. 聚丁烯管　　　　　　　　　　　D. 工程塑料管

3. 不锈钢管道的切割宜采用的方式是（   ）。

    A. 氧—乙烷火焰切割　　　　　　　B. 氧—氢火焰切割

    C. 碳氢气割　　　　　　　　　　　D. 等离子切割

4. 设计压力为 0.4 MPa 的埋地铸铁管道，其试验压力应为（   ）MPa。

    A. 0.5　　　　　　　　　　　　　　B. 0.6

    C. 0.8　　　　　　　　　　　　　　D. 0.9

5. 在计算管道工程的工程量时，室内外管道划分界限为（   ）。

    A. 给水管道入口设阀门者以阀门为界，排水管道以建筑物外墙皮 1.5 m 为界

    B. 给水管道以建筑物外墙皮 1.5 m 为界，排水管道以出户第一个排水检查井为界

    C. 采暖管道以建筑物外墙皮 1.5 m 为界，排水管道以墙外三通为界

    D. 燃气管道以地上引入室内第一个阀门为界，采暖管道入口设阀门者以阀门为界

6. 公称直径为 70 mm 的压缩空气管道，其连接方式宜采用（   ）。

    A. 法兰连接　　　　　　　　　　　B. 螺纹连接

    C. 焊接　　　　　　　　　　　　　D. 套管连接

7. 依据《通用安装工程工程量计算规范》(GB 50856—2013)，下列给水排水、采暖、燃气工程管道附件中按设计图示数量以"个"为计量单位的有（   ）。

    A. 倒流防止器　　　　　　　　　　B. 除污器

    C. 补偿器　　　　　　　　　　　　D. 疏水器

二、多项选择题

1. 球阀是近年来发展最快的阀门品种之一，其特点是（   ）。

    A. 适用于溶剂、酸等介质

    B. 适用于天然气等介质

    C. 适用于氧气、过氧化氢等工作条件恶劣的介质

    D. 不适用于含纤维、微小固体颗粒等介质

2. 根据水灭火系统工程量清单计算规则，末端试水装置的安装应包括（   ）。

    A. 压力表安装　　　　　　　　　　B. 控制阀等附件安装

    C. 连接管安装　　　　　　　　　　D. 排水管安装

3. 根据水灭火系统工程量清单计算规则，末端试水装置的安装应包括（   ）。

    A. 按管材无损探伤长度以"m"为计量单位

    B. 按无损探伤管材的质量以"t"为计量单位

    C. 按管材表面探伤检测面积以"m²"为计量单位

    D. 按无损探伤管材的计算体积以"m³"为计量单位

三、简答题

1. 请表示下列管材、型钢及螺纹的规格：

(1)螺纹钢管的外径为 273 mm，壁厚是 8 mm；

(2)扁钢的宽度是 20 mm，厚度是 3 mm；

(3)等边角钢的边宽是 40 mm，边厚是 3 mm；

(4)普通槽钢的高为 100 mm；

(5)单头粗制螺栓的直径是 12 mm，螺杆长是 45 mm。

2. 室内生活污水排水系统中，为什么不采用正三通和正四通？

3. 室内生活污水排水系统的排水干管可否设在本层？为什么？

4. 两片法兰之间为什么不得用斜垫片？为什么要以"十字对称法"拧紧螺帽？

5. 室外排水系统中，为什么不用弯头、三通、四通和大小头等管件？

工作情境六
通风空调管道工程施工工艺、识图与预算

➡ 能力导航

学习目标	资料准备
通过本工作情境的学习，应该了解通风空调管道工程的材质；熟悉通风空调管道工程安装的施工工艺；掌握通风空调管道工程的工程量计算规则及造价文件的编制方法。	本部分内容以《通用安装工程工程量计算规范》(GB 50856—2013)、《广东省安装工程综合定额(2010 版)》第九册《通风空调工程》为造价计算依据，建议准备好这些工具书及最新的工程造价价目信息。

6.1 布置工作任务

6.1.1 任务一

任务要求：

(1)熟悉图纸。

(2)查阅《广东省安装工程综合定额(2010 版)》、《通用安装工程工程量计算规范》(GB 50856—2013)以及《建设工程工程量清单计价规范》(GB 50500—2013)中相关工程量计算规则及计价规范。

(3)编制某生物科研室空调通风的工程量计算表、分部分项工程量清单，相关表格格式见表 2.1。

施工说明：

某生物科研室空调通风系统组成如图 6.1 所示，按要求编制工程量计算表、清单与计价表。其中：矩形风管弯头展开面积计算公式：$F=\dfrac{R\pi\theta}{180°}\times 2(A+B)$，图中的拐弯半径为 1 000 mm；调节阀 T308—1 为碳钢材质；软管材质为帆布。

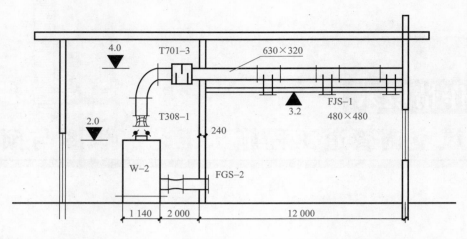

序号	名称	单位	数量
1	W−2 分段式空调冷风量 12 000 m³/h	台	1
2	镀锌钢板风管 δ=1	m	
3	对开多叶调节阀 T308−1	个	1
4	软接口 l=300	个	2
5	聚酯泡沫消声器 l=800	个	1
6	送风口塑料质带调节阀散流器 FJS−1	个	3
7	回风口、塑料质侧壁格栅式 FGS−2500×800	个	1

图 6.1　某生物科研室空调工程图

6.1.2　任务二

任务要求：

(1)查阅《广东省安装工程综合定额(2010 版)》、《通用安装工程工程量计算规范》(GB 50856—2013)以及《建设工程工程量清单计价规范》(GB 50500—2013)中相关工程量计算规则及计价规范。

(2)计算深圳某六层办公楼通风空调工程中设备部分工程量并编制分部分项工程量清单与计价表，确定吊顶式风机盘管的综合单价并编制综合单价分析表。相关表格格式请查阅《建设工程工程量清单计价规范》(GB 50500—2013)。

施工及计价说明：

(1)深圳某六层办公楼通风空调工程，设计图中有吊顶式风机盘管 25 台，型号为 YSFP−300，采用 L 30×30×3 镀锌角钢安装固定；离心式通风机 2 台，型号为 4−72−11 No4.5 A，风压为 210 mmH₂O，风量为 8 500 m³/h，功率为 7.5 kW，转速为 2 900 rpm，质量为 190 kg/台，外形尺寸为 743×891×766，采用 L 50×50×5 镀锌角钢安装固定；组装式空调器 2 台，型号为 ZK 系列，风量为 10 000 m³/h，质量为 350 kg/台。

(2)人工单价为 110.00 元/工日、辅材价差调整系数为 25％，机械台班单价按《广东省安装工程综合定额(2010版)》确定，不作调整，利润为18％。查《五金手册》计算出每台风机盘管支架所需∟30×30×3镀锌角钢(已刷油防腐，无须另计)为79.3 kg，市场价为5 310.00元/t，吊顶式风机盘管 YSFP－300施工方报价为2 150.00元/台。

6.1.3 任务三

任务要求：

(1)查阅《广东省安装工程综合定额(2010版)》、《通用安装工程工程量计算规范》(GB 50856—2013)以及《建设工程工程量清单计价规范》(GB 50500—2013)中相关工程量计算规则及计价规范。

(2)计算深圳某六层办公楼通风空调工程中管道部分工程量并编制计算表及分部分项工程量清单，确定镀锌薄钢板矩形风管1 250×400的综合单价并编制综合单价分析表。相关表格格式请查阅《建设工程工程量清单计价规范》(GB 50500—2013)。

施工及计价说明：

(1)某六层办公楼通风空调工程，设计采用镀锌薄钢板矩形风管送风，风管为咬口连接。

1)规格1 250×400的风管，中心线长度为60 m，板厚δ=1.0，管路中设有380×350风管检查孔1个，L=300对开多页调节阀1个，400×400双层铝合金百叶风口12个。

2)规格800×400的风管，中心线长度为120 m，板厚δ=1.0，管路中设有400×400双层铝合金百叶风口72个；1 000×1 000钢百叶窗6个。

3)风管采用δ=25玻璃棉毯保温，风口紧贴风管底部安装。

(2)通风管道安装人工单价为110.00元/工日、辅材价差系数为25％，机械台班单价按《广东省安装工程综合定额(2010版)》确定，不作调整，利润为18％。风管制作安装所需的法兰、支吊架需人工除轻锈，并刷红丹防锈漆一遍，银粉漆两遍。试计算镀锌薄钢板矩形风管1 250×400制作安装的综合单价。

主材价格：厚度为δ=1.0镀锌薄钢板为38.50元/m²，δ=25玻璃棉毯为5 400.00元/m³，红丹防锈漆为8.5元/kg，清漆为7.45元/kg。

6.2 相关知识学习

6.2.1 通风与空调系统的分类

通风系统的任务是将室内(或车间)不符合卫生标准的污浊空气(或废气经消毒之后)排至室外；再把室外的新鲜空气经过滤之后送到室内。

空气调节系统的任务是创造适宜人们生活(或适合生产)的空气环境。因此，送到空调房间的空气应具有一定的温度、湿度、流速和洁净度且无噪声。

1. 通风系统的分类

通风系统按动力可分为自然通风和机械通风两种。

(1)自然通风。自然通风是靠室内、外空气的重度差来进行室内外空气对流交换的，如图6.2所示。

(2)机械通风。机械通风又可分为机械送风和机械排风两种。

1)机械送风是靠风机产生的动力，通过管道将空气送到用气房间(或用气点)，如图6.3所示。

2)机械排风是靠风机产生的动力，通过管道将室内污浊的空气(或废气经消毒之后)排到室外，如图6.4所示。

2. 空调系统的分类

按空气处理设备的位置不同，空调系统可分为集中式空调系统和局部式空调系统两种。

(1)集中式空调系统。集中式空调系统是将所有的空气处理设备集中安装在一个空调机房内，如图6.5所示。

(2)局部式空调系统。局部式空调系统是将所有的空气处理设备组装成一个整体(称为空调机组)，安装时将空调机组装于空调房间(或装在邻室)，如图6.6所示。

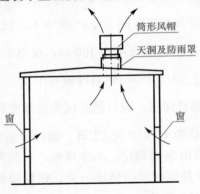

图 6.2　自然通风

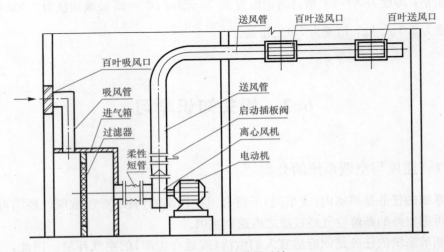

图 6.3　机械送风系统

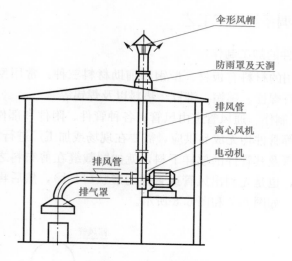

图 6.4 机械排风系统

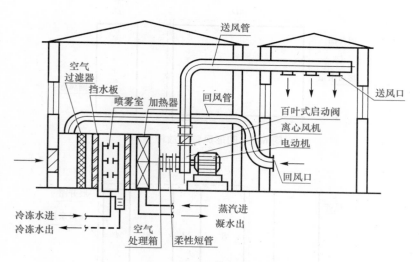

图 6.5 集中式空调系统

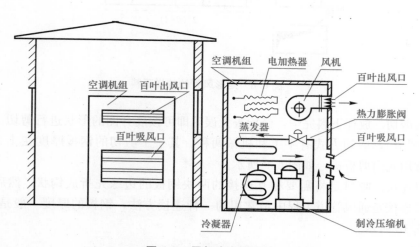

图 6.6 局部式空调系统

6.2.2 通风空调系统施工工艺

1. 通风管及其附件的加工制作

通风管加工时常用的材料有板材、型钢和辅助材料三种。常用型钢有圆钢、角钢、扁钢等。常用辅助材料有螺栓、螺帽、铆钉、垫料以及焊锡等。

(1)通风管的加工制作。通风管道由风管、各种管件、附件和部件等组成。通常风管和三通、弯头、大小头等管件均无成品供应，需要在现场或加工厂进行加工制作。

1)放样下料。风管及其管件的放样下料，就如同裁缝在剪布料之前，首先要画出衣服的形状的展开图一样，也是先画出风管或管件的形状（尺寸），然后再画其展开平面图，并留出咬口或接口余量，如图6.7和图6.8所示。

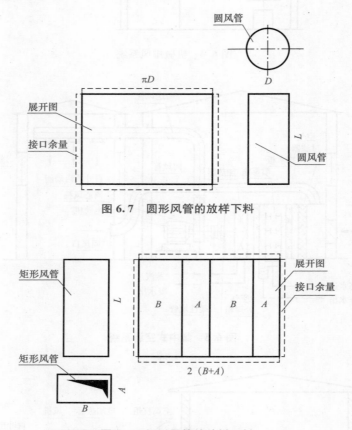

图 6.7 圆形风管的放样下料

图 6.8 矩形风管的放样下料

2)钢板剪切。放样下料完毕，经检查无误后即可按展开图的形状进行剪切。切口要平、直（曲线要圆滑），剪切方式有手工和机械两种。其手工剪切的钢板厚度在 1.2 mm 之内，机械剪切常用龙门剪板机，如图6.9所示。

3)咬口连接。咬口是将需要相互连接的两块钢板的边缘先折成钩状，然后钩挂起来，压紧。咬口连接是通风管道工程中最常用的一种连接方法，钢板的厚度一般是在 1 mm 之内，如图6.10所示。

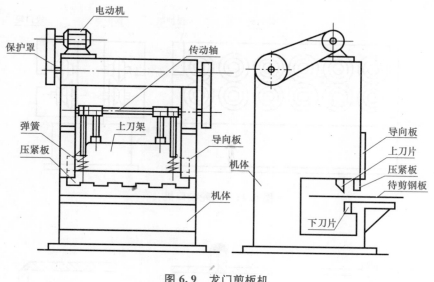

图 6.9　龙门剪板机

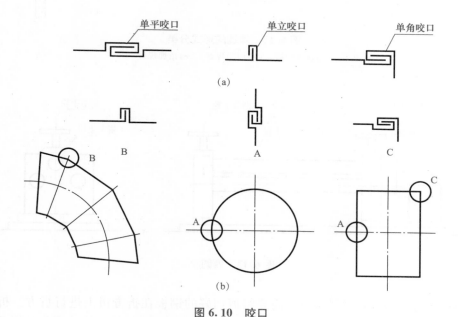

图 6.10　咬口

(a)咬口的种类；(b)咬口的适用场合

　　施工方法分为手工咬口和机械咬口。其中，机械咬口常用多轮（六轮）咬口机，如图 6.11 所示。

　　4）钢板的焊接。通风管及其管件在利用钢板进行加工制作时，除采用咬口连接外还可以采用焊接连接。焊缝形式如图 6.12 所示。

　　5）钢板卷圆。制作圆形风管时，要将剪切好的钢板在卷圆机上进行卷圆。卷圆机（也称为卷板机或滚板机）如图 6.13 所示。卷圆时，先将待卷圆钢板的两端打成弧形，然后放于上下辊之间；开机，上下辊同时转动并带动钢板滚动（反复），直至卷成所需的圆弧为止，停机后取下风管。

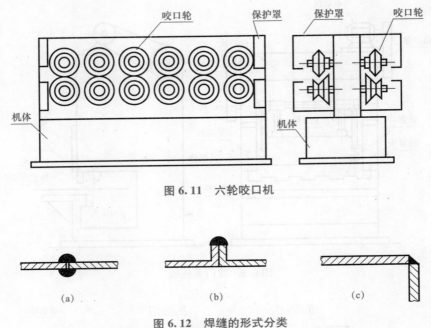

图 6.11　六轮咬口机

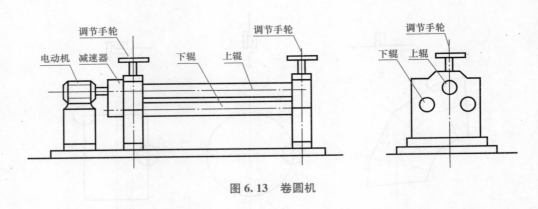

图 6.12　焊缝的形式分类

(a)对接焊缝；(b)扳边焊缝；(c)角焊焊缝

图 6.13　卷圆机

6)钢板折方。制作矩形风管时，需要将剪切好的钢板在折方机上进行折方。折方机如图 6.14 所示，折方时，将待折钢板放于上下压板之间，对准折线，转动调节丝杠手轮将钢板压紧；然后向上扳动手柄，折成所需角度(一般为 90°)；再逆转调节丝杠手轮，使上压板升起，取出已折钢板。

(2)法兰与附件的加工制作。

1)法兰的制作。法兰用于风管与风管、风管与部件之间的连接。按其形状分为圆形和矩形法兰两种。制作法兰时一般采用角钢或扁钢；其中多采用角钢。

矩形法兰如图 6.15 所示，为了防止螺栓孔错位，应将一副法兰夹起之后再放于钻床上进行钻孔。

圆形法兰通常是放在法兰弯曲机上进行加工的，如图 6.16 和图 6.17 所示。

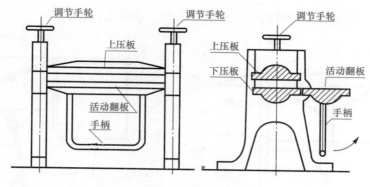

图 6.14　折方机

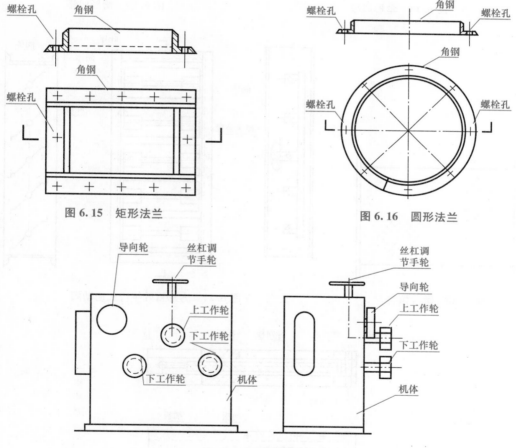

图 6.15　矩形法兰

图 6.16　圆形法兰

图 6.17　法兰弯曲机

2)风帽的制作。在排风系统中，通常采用伞形风帽和筒形风帽，如图 6.18 和图 6.19 所示。

3)柔性短管的制作。风机在运行过程中要产生振动和噪声，为了防止噪声通过通风管道传到各通风房间，一般在风机的排出口和吸入口处应设置柔性短管。

柔性短管的长度一般为 200 mm，材质通常为帆布。对于腐蚀性介质的通风系统可采用玻璃纤维布或软塑料薄膜制作，如图 6.20 所示。

4)离心式通风机启动阀和蝶阀的制作如图6.21～图6.23所示。

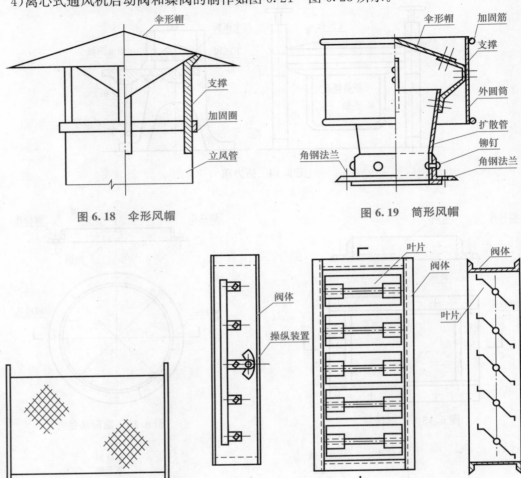

图 6.18　伞形风帽

图 6.19　筒形风帽

图 6.20　柔性短管

图 6.21　方形百叶平行式启动阀

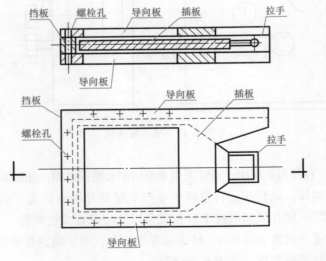

图 6.22　方形插板启动阀

5)条缝回风口、百叶送风口和网式回风口的制作如图 6.24～图 6.26 所示。

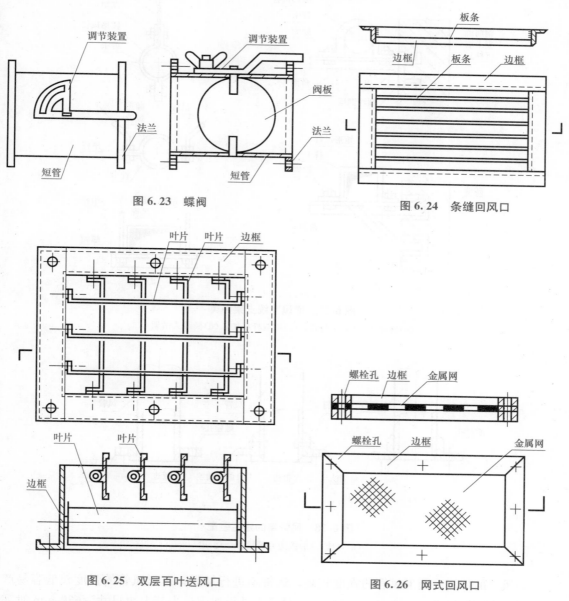

图 6.23　蝶阀

图 6.24　条缝回风口

图 6.25　双层百叶送风口

图 6.26　网式回风口

2. 通风管道的安装

通风管道的安装程序为：测绘→安装支架→敷设风管。测绘时，根据施工图先进行实测实量，然后绘制草图并将实测的数据标在草图上。

（1）支架的安装。通风系统支架的形式和种类比较多，常用的有悬臂式、三角式、横梁式支架和吊架等，材质一般是型钢（角钢、槽钢、扁钢及圆钢），如图 6.27 所示。

（2）风管的安装。

1）风管法兰的装配。为了将一节一节的风管连接成管段，需要在每节风管的两端（以及三通、弯头等处）安装法兰，以便相互连接。装配法兰时，一般采用扳边、焊接和扳边并铆接三种方法，如图 6.28 所示。

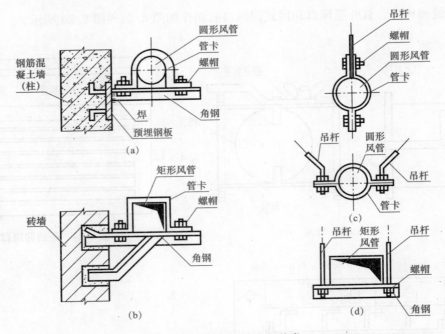

图 6.27　通风系统支架种类

(a)悬臂式；(b)三角式；(c)单双杆吊架；(d)横梁式吊架

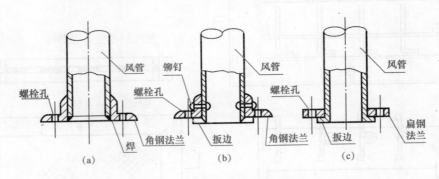

图 6.28　风管端的法兰装配

(a)焊接；(b)扳边并铆接；(c)扳边

2)风管的加固。圆形风管的强度较高，通常不进行加固；矩形风管的强度较低容易产生变形。当矩形风管的大边尺寸<630 mm 时可不进行加固；当其大边尺寸≥630 mm 时需要加固。加固的方法有对角线角钢法和压棱法等，如图 6.29 所示。

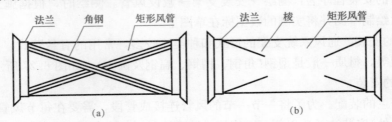

图 6.29　风管的加固

(a)对角线角钢法；(b)压棱法

3）风管的连接及就位。将预制的风管和管件按测绘草图编号运到现场，并在平地上排列组对成适当长度的管段。两片法兰之间放垫片，垫片的材质为：输送一般的空气采用2～3 mm厚的橡胶板；输送高温气体采用石棉绳。

风管组对成适当长度的管段之后，采用手拉葫芦或其他的起重机具，将其吊装就位于支架或吊架上找平、找正并以卡子固定。

4）敷设通风管道时的一般规定。

①输送湿空气的通风管道，应按设计规定的坡度和坡向进行安装，风管的底部不得设有纵向接缝。

②位于易燃易爆环境中的通风系统，安装时，应尽量减少法兰接口的数量，并设可靠的接地装置。

③风管内不得敷设其他管道，不得将电线、电缆以及给水、排水和供热等管道安装在通风管道内。

④楼板和墙内不得设可拆卸口，通风管道上的所有法兰接口不得设在墙和楼板内。

⑤风管穿出屋面时应设防雨罩，如图6.30所示。穿出屋面的立管高度超过1.5 m时应设拉索，拉索不得固定在法兰上，并严禁拉在避雷针、避雷网上。

⑥风管及支架的防腐，通常是涂刷底、面漆各两遍；对于保温的风管一般只刷底漆两遍。

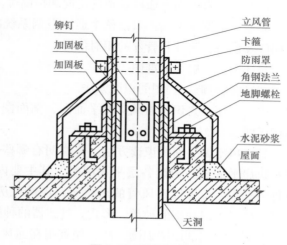

图 6.30 防雨罩的设置

3. 风机的安装

通风系统常用的风机有轴流式和离心式两种。轴流式风机一般安装在墙洞内，如图6.31所示；离心式风机安装示意图如图6.32所示。

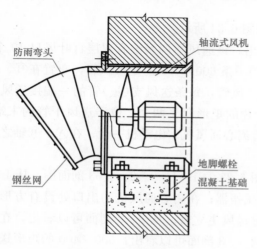

图 6.31 轴流式风机安装

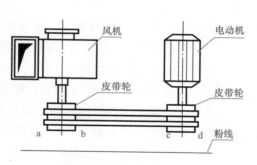

图 6.32 离心式风机安装

6.2.3 通风空调工程施工图识读

1. 通风空调工程施工图识读方法

(1)通风空调工程图的组成。通风空调工程图由通风空调平面图、通风空调剖面图、通风空调系统图和详图组成。通风空调施工图，除前述 4 种图样外，还包括图纸目录、设计施工说明和主要设备材料表。

1)通风空调平面图：主要表示通风空调管道、风口和通风空调设备在建筑物的平面布置。可分为系统平面图、各层平面图和通风空调机房平面图。

2)通风空调剖面图：主要反映通风空调管道、设备、附件等在垂直(高度)方向上的布置，以及在垂直方向上通风管道的走向和标高等。

3)通风空调系统图：表示整个通风空调系统在空间的布置。主要反映通风空调管道的走向以及设备、附件和管件的相对位置。

4)详图：一般为标准图。

(2)通风空调工程图的识读方法。

识读顺序：先识读通风空调平面图、剖面图，再对平面图、剖面图识读系统图，然后识读详图。

1)通风空调平面图识读方法。先查明有哪些通风空调系统，再分系统识读其各层平面图和机房平面图。识读各层平面图时，其主要内容为：风口的种类、形式、位置，附件、管件的种类、位置以及风管的形状等。识读机房平面图时，其主要内容为：风机的种类、型号、位置，启动阀的种类、形式，过滤器的种类、形式、位置等。

2)通风空调剖面图识读方法。先查明在通风空调平面图上的剖切位置，然后对照相应的通风平面图进行识读。其主要内容为：风机、设备、风口和通风空调管道在垂直方向上的布置及其标高等。

3)通风空调系统图识读方法。对照平面图，结合剖面图，按照从风机→附件→风管→风口的顺序识读；或按照从风口→风管→附件→风机的顺序识读。

2. 通风空调工程施工图识读与管路分析

某办公楼一层通风空调施工图如图 6.33 和图 6.34 所示。

(1)平面图的识读。从图 6.33(a)中可以看出，该通风空调系统有双层百叶风口 10 个，分别设在沿Ⓑ、Ⓒ轴各房间的墙上。送风干管为一条 600×400 的矩形风管，布置在Ⓑ、Ⓒ轴之间。送风支(短)管为 10 条 300×250 的矩形风管，每条送风支(短)管的一端接送风干管；另一端接双层百叶风口的进口。带导风叶片的矩形弯头两个，位于送风干管的末端。从图 6.32(b)中可以看出，在①、②轴之间设有离心通风机、电动机一台；在Ⓐ、Ⓑ轴之间的山洞口，设有泡沫塑料过滤器。

(2)剖面图的识读。如图 6.34 所示，即为图 6.33 的 1—1、2—2、3—3 剖面图。从 1—1 剖面可以看出，在离心通风机的底座下安装有减振器；在离心通风机的出口处设有方形百叶启动阀和帆布短管；其上是 600×400 的矩形送风主立管。从 2—2 剖面可以看出，在山洞口标高−2.600 处安装泡沫塑料过滤器。从 3—3 剖面可以看出，600×400 的矩形送风主立管，从地下室通风机房垂直向上至一层，与标高为 3.000 的送风干管相接，在送风干管的两侧，分别接出送风支管至双层百叶风口。

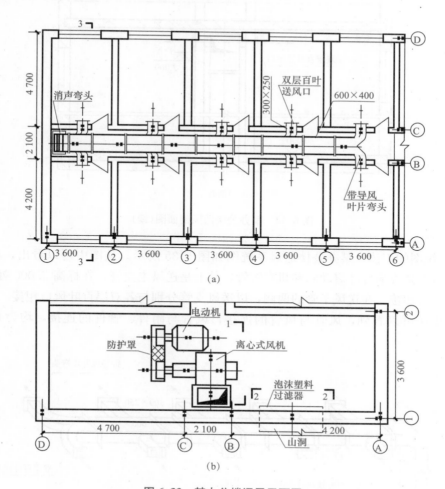

图 6.33　某办公楼通风平面图

(a)一层平面图；(b)地下室机房平面图

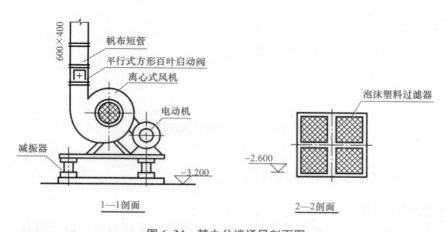

图 6.34　某办公楼通风剖面图

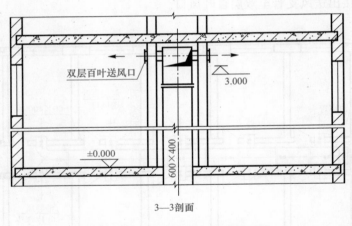

3—3剖面

图 6.34　某办公楼通风剖面图(续)

（3）系统图的识读。某办公楼通风系统图如图 6.35 所示。从图中可以看出，在离心通风机的出口处是方形百叶启动阀和帆布短管，其上是送风主立管，在标高 3.000 处以 90°弯头与送风干管相接。在送风干管的两侧，以送风支管分别与各双层百叶风口相接。

从图中还可以看到，风管与风管的连接，风管与附件、管件的连接，均为角钢法兰接连。

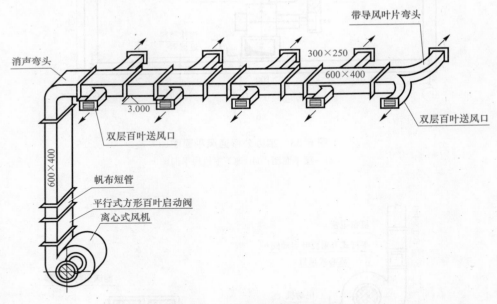

图 6.35　某办公楼通风系统图

6.2.4　通风空调工程计量与计价

1. 通风空调工程量计算

（1）通风及空调设备及部件制作安装。各类空调器、风机盘管、除尘设备、空气加热器/冷却器、表冷器、过滤器、除湿机、人防过滤吸收器等均按设计图示数量以"台"计量，其中过滤器也可按设计图示尺寸以过滤面积"m²"计算。

注意事项：

1)上述各设备安装的地脚螺栓按设备自带考虑。

2)设备和支架的除锈、刷漆、保温及保护层安装，应按图示表面积另列项计量，钢结构的除锈、刷漆、保温及保护层一般按理论质量以"kg"计量。

(2)通风管道制作安装。各类碳钢通风管道、净化通风管道、不锈钢钢板通风管道、铝板通风管道以及塑料通风管道区分不同规格、接口形式等分别列项，按设计图示内径尺寸以展开面积"m²"计量。

各类玻璃钢通风管道、复合型通风管道等区分不同规格、接口形式等分别列项，按设计图示外径尺寸以展开面积"m²"计量。

各类柔性软风管区分不同规格、接口形式等分别列项，按设计图示中心线以长度"m"计量，或按设计图示数量以"节"计量。

弯头导流叶片区分规格、材质按设计图示以展开面积"m²"计量，或按设计图示数量以"组"计量。

风管检查口区分规格、材质按质量"kg"计量，或按设计图示数量以"个"计量。

温度、风量测定孔区分规格、材质按设计图示数量以"个"计量。

注意事项：

1)风管展开面积，不扣除检查口、测定孔、送风口、吸风口等所占面积；风管长度一律以设计图示中心线长度为准(主管与支管以其中心线交点划分)，包括弯头、三通、变径管、天圆地方等管件的长度，但不包括部件所占的长度。风管展开面积不包括风管、管口重叠部分面积。风管渐缩管：圆形风管按平均直径；矩形风管按平均周长。

2)穿墙套管按展开面积计算，计入通风管道工程中。

(3)通风管道部件制作安装。各类通风管道阀门、风口、散流器、百叶窗、风帽、消声器区分不同规格、类型等分别列项，按设计图示数量以"个"计量。

柔性接口区分不同规格、材质等分别列项，按设计图示尺寸以展开面积"m²"计量；

注意事项：通风管道部件应注意图纸是否要求只安装不制作，或既安装且制作等要求。

(4)通风工程检测、调试。通风工程检测、调试按通风系统以"系统"计量。

风管漏光、漏风试验按设计图纸或规范要求以展开面积"m²"计量。

2. 通风空调工程定额、清单的内容及注意事项

(1)定额内容。通风空调安装工程使用的是《广东省安装工程综合定额(2010版)》第九册《通风空调工程》中的相关内容。具体内容见表6.1。

表6.1 《通风空调工程》定额项目设置部分内容

册目	章节内容
第9册 通风空调工程	包括薄钢板通风管道制作安装、调节阀制作安装、风口制作安装、风帽制作安装、罩类制作安装、消声器制作安装、空调部件及设备支架制作安装、通风空调设备安装、净化通风管道及部件制作安装、不锈钢板通风管道及部件制作安装、铝板通风管道及部件制作安装、塑料通风管道及部件制作安装、玻璃钢通风管道及部件安装、复合型风管制作安装等

(2)定额使用注意事项。

1)本章定额适用于工业与民用建筑的新建、扩建项目中的通风空调工程。

2)通风、空调的刷油、防腐蚀、绝热工程执行第十一册《刷油、防腐蚀、绝热工程》相应项目。

3)薄钢板风管刷油按其工程量执行有关项目,仅外(或内)面刷油者基价乘以系数1.20,内外均刷油者基价乘以系数1.10(其法兰加固框、吊托支架已包含在此数内)。

4)薄钢板部件刷油按其工程量执行金属结构刷油项目基价乘以系数1.15。

5)薄钢板风管、部件以及单独列项的支架,其除锈不分锈蚀程度,一律按其第一遍刷油的工程量使用有关轻锈项目。

(3)清单内容。通风空调安装工程清单计价使用的是《建设工程工程量清单计价规范》(GB 50500—2013)、《通用安装工程工程量计算规范》(GB 50856—2013)中的附录G"通风空调工程"中的相关内容。具体内容见表6.2。

表6.2 《通用安装工程工程量计算规范》(GB 50856—2013)部分项目设置内容

项目编码	项目名称	分项工程项目
030701	通风及空调设备及部件制作安装	包括空气加热器(冷却器),除尘设备,空调器,风机盘管,表冷器,密闭门,挡水板,滤水器,溢水盘,金属壳体,过滤器,净化工作台,风淋室,洁净室,除湿机,人防过滤吸收器共15个分项工程项目
030702	通风管道制作安装	包括碳钢通风管道,净化通风管道,不锈钢板通风管道,铝板通风管道,塑料通风管道,玻璃钢通风管道,复合型风管,柔性软风管,弯头导流叶片,风管检查孔,温度风量测定孔共11个分项工程项目
030703	通风管道部件制作安装	包括碳钢阀门,柔性软风管阀门,铝蝶阀,不锈钢蝶阀,塑料阀门,玻璃钢蝶阀,碳钢风口(散流器、百叶窗),不锈钢风口(散流器、百叶窗),塑料风口(散流器、百叶窗),玻璃钢风口,铝及铝合金风口(散流器),碳钢风帽,不锈钢风帽,塑料风帽,铝板伞形风帽,玻璃钢风帽,碳钢罩类,塑料罩类,柔性接口,消声器,静压箱,人防超压自动排气阀,人防手动密闭阀,人防其他部件共24个分项工程项目
030704	通风工程检测、调试	通风工程检测、调试,风管漏光试验、漏风试验共2个分项工程项目

(4)清单使用注意事项。

1)风管展开面积,不扣除检查孔、测定口、送风口、吸风口等所占面积;风管长度一律以设计图示中心线长度为准(主管与支管以其中心线交点划分),包括弯头、三通、变径管、天圆地方等管件的长度,但不包括部件所占的长度。风管展开面积不包括风管、管口重叠部分面积。风管渐缩管:圆形风管按平均直径;矩形风管按平均周长。

2)穿墙套管按展开面积计算,计入通风管道工程量中。

3)弯头导流叶片数量,按设计图纸或规范要求计算。

4）柔性接口包括：金属、非金属软接口及伸缩节。

5）通风部件如图纸要求制作安装或用成品部件只安装不制作，这类特征在项目中应明确描述。

6）静压箱的面积计算：按设计图示尺寸以展开面积计算，不扣除开口的面积。

6.3 任务实施

6.3.1 任务一

某生物科研室空调通风的工程量计算表、分部分项工程量清单见表 6.3 和表 6.4。

表 6.3 某生物科研室空调通风工程量计算表

序号	工程项目	单位	计算式	数量
1	W－2 分段组合式空调安装	组		12
2	FGS－2 塑料格栅回风口安装	个		1
3	对开多叶调节阀 T308－1 安装	个		1
4	聚酯泡沫消声器制作及安装	个		1
5	帆布软管接口制作安装	m²	$0.3×(0.5+0.8)×2+0.3×(0.63+0.32)×2$	1.35
6	镀锌钢板风管制作及安装 （500×800 δ＝1）	m²	$(2-0.3+0.24)×(0.5+0.8)×2$	5.04
7	镀锌钢板风管制作及安装 （480×480 δ＝1）	m²	$1×3×(0.48+0.48)×2$	5.76
8	镀锌钢板风管制作及安装 （630×320 δ＝1）	m²	$(1+2-0.8+12)×(0.63+0.32)×2+(1×$ $3.14×90°/180°)×(0.63+0.32)×2$	29.96
9	风口安装（带方形散流器）	个		3
10	空调系统调试	系统		1

表 6.4 分部分项工程量清单

序号	项目编码	项目名称	项目特征描述	计量单位	工程量
1	030701003001	空调器	W－2 分段式空调安装	组	12
2	030703009001	塑料风口、散流器、百叶窗	1. 塑料质侧壁格栅式 2. FGS－2 3. 500×800	个	1
3	030703001001	碳钢阀门	1. 对开多叶调节阀 2. T308－1	个	1

序号	项目编码	项目名称	项目特征描述	计量单位	工程量
4	030703020001	消声器	1. 聚酯泡沫消声器 2. $l=800$	个	1
5	030703019001	柔性接口	1. 软接口 $l=300$ 2. 帆布	m²	4.24
6	030702001001	碳钢通风管道	1. 镀锌钢板风管 2. 500×800 3. $\delta=1$	m²	5.04
7	030702001002	碳钢通风管道	1. 镀锌钢板风管 2. 480×480 3. $\delta=1$	m²	5.76
8	030702001003	碳钢通风管道	1. 镀锌钢板风管 2. 630×320 3. $\delta=1$	m²	29.96
9	030703009002	塑料风口、散流器、百叶窗	1. 塑料质带调节阀散流器 2. FJS—1 3. 480×480	个	3
10	030704001001	通风工程检测、调试		系统	1

6.3.2 任务二

(1)某六层办公楼通风空调工程设备部分的分部分项工程量清单见表 6.5。

表 6.5 分部分项工程量清单

序号	项目编码	项目名称	项目特征描述	计量单位	工程量
1	030701004001	风机盘管	吊顶式风机盘管 YSFP-300	台	25
2	030108001001	离心式通风机	离心式通风机 4—72—11 No4.5 A，风压 210 mmH₂O，风量 8 500 m³/h，功率 7.5 kW，转速 2 900 rpm，质量为 190 kg/台，外形尺寸为 743×891×766	台	2
3	030701003001	空调器	组装式空调器 ZK 系列，风量 10 000 m³/h，质量为 350 kg/台	台	2

（2）该工程吊顶式风机盘管的综合单价分析表见表6.6。

表6.6　综合单价分析表

项目编码	030701004001	项目名称		风机盘管				计量单位		台		工程量		25
清单综合单价组成明细														
定额编号	定额名称	定额单位	数量	单价					合价					
				人工费	材料费	机械费	管理费	利润	人工费	材料费	机械费	管理费	利润	
C9-8-54	风机盘管安装	台	1	86.35	2.88	—	23.94	15.54	86.35	2.88	—	23.94	15.54	
C9-7-17	设备支架制作	100 kg	0.793	431.20	121.59	132.63	119.53	77.62	341.94	96.42	105.18	94.79	61.55	
C9-7-18	设备支架安装	100 kg	0.793	184.80	44.19	7.00	51.23	33.26	146.55	35.04	5.55	40.63	26.38	
人工单价		小计/(元·台⁻¹)							574.84	134.34	110.73	159.36	103.47	
110元/工日		未计价材料费							2 571.08					
		清单项目综合单价							3 653.82					

材料费明细	主要材料名称、规格、型号	单位	数量	单价/元	合价/元	暂估单价/元	暂估合价/元
	吊顶式风机盘管 YSFP-300	台	1	2 150.00	2 150.00		
	∟30×30×3镀锌角钢	kg	0.079 3	5 310.00	421.08		
	其他材料费			—		—	
	材料费小计			—	2 571.08	—	

6.3.3　任务三

（1）某六层办公楼通风空调工程设备部分的计算表及分部分项工程量清单见表6.7和表6.8。

表6.7　清单工程量计算表

序号	清单项目名称	计算过程	单位	清单工程量
1	镀锌薄钢板矩形风管咬口连接 1 250×400　δ=1.0	(1.25+0.4)×2×(60-0.3)	m²	197
2	镀锌薄钢板矩形风管咬口连接 800×400　δ=1.0	(0.8+0.4)×2×120	m²	288

序号	清单项目名称	计算过程	单位	清单工程量
3	对开多页调节阀 1 250×400　L＝300		个	1
4	双层铝合金百叶风口 400×400	12＋72	个	84
5	钢百叶窗 1 000×1 000		个	6
6	风管检查孔 380×350		个	1

表6.8　分部分项工程量清单

序号	项目编码	项目名称	项目特征描述	计量单位	工程量
1	030702001001	碳钢通风管道	1. 镀锌薄钢板矩形风管 2. 1 250×400　ϕ＝1.0 3. 咬口连接 4. 玻璃棉毯保温ϕ＝25	m²	197
2	030702001002	碳钢通风管道	1. 镀锌薄钢板矩形风管 2. 800×400　ϕ＝1.0 3. 咬口连接 4. 玻璃棉毯保温ϕ＝25	m²	288
3	030703001001	碳钢阀门	1. 对开多页调节阀 2. 1 250×400　L＝300 3. 质量27.4 kg(查定额)	个	1
4	030703011001	铝合金风口	1. 双层铝合金百叶风口 2. 规格400×400	个	84
5	030703007001	碳钢百叶窗	1. 钢百叶窗 2. 规格1 000×1 000	个	6
6	030702010001	风管检查孔	1. 风管检查孔 2. 规格380×350	个	1

(2)该工程中镀锌薄钢板矩形风管1 250×400的综合单价分析表见表6.9。

表 6.9　综合单价分析表

项目编码	030702001001	项目名称		碳钢通风管道		计量单位			m²		工程量			197

清单综合单价组成明细

定额编号	定额名称	定额单位	数量	单价					合价				
				人工费	材料费	机械费	管理费	利润	人工费	材料费	机械费	管理费	利润
C9-1-15	镀锌薄钢板矩形风管（δ=1.2 mm以内咬口）周长（4 000 mm以下）	10 m²	19.7	426.80	217.81	12.71	118.31	76.82	8 407.96	4 290.86	250.39	2 330.71	1 513.35
C11-9-596	风管玻璃棉毡安装通风管道厚度（40 mm以内）	m³	4.93	245.08	37.76	—	67.94	44.11	1 208.24	186.16	—	334.94	217.46
C11-1-7	手工除锈一般钢结构轻锈	100 kg	7.45	26.95	2.65	9.70	2.06	4.85	200.78	19.74	72.27	15.35	36.13
C11-2-67	一般钢结构红丹防锈漆第一遍	100 kg	7.45	18.81	2.36	9.70	5.21	3.39	140.13	17.58	72.27	38.81	25.26
C11-2-72	一般钢结构银粉漆第一遍	100 kg	7.45	17.93	7.40	9.70	4.97	3.23	133.58	55.13	72.27	37.03	24.06
C11-2-73	一般钢结构银粉漆第二遍	100 kg	7.45	17.93	6.18	9.70	4.97	3.23	133.58	46.04	72.27	37.03	24.06
人工单价			小计/(元·m⁻²)						51.90	23.43	2.74	14.18	9.34
110元/工日			未计价材料费						186.04				
清单项目综合单价									287.63				

材料费明细	主要材料名称、规格、型号	单位	数量	单价/元	合价/元	暂估单价/元	暂估合价/元
	镀锌薄钢板 1 250×400 φ=1.0	m²	224.186	38.50	8 631.16		
	玻璃棉毯保温 φ=25	m³	5.17	5 400.00	27 918.00		
	红丹防锈漆	kg	8.64	8.50	73.44		
	清漆	kg	3.58	7.45	26.67		
	其他材料费			—	36 649.27	—	
	材料费小计			—	186.04	—	

一、单项选择题

1. 对建筑高度低于 100 m 的居民建筑，靠外墙的防烟楼梯间及其前室、消防电梯间前室和合用前室，宜采用的排烟方式为(　　)。
   A. 自然排烟　　　　　　　　　　B. 机械排烟
   C. 加压排烟　　　　　　　　　　D. 抽吸排烟

参考答案

2. 它利用声波通道截面的突变，使沿管道传递的某些特定频段的声波反射回声源，从而达到消声的目的。这种消声器是(　　)。
   A. 阻性消声器　　　　　　　　　B. 抗性消声器
   C. 扩散消声器　　　　　　　　　D. 缓冲式消声器

3. 通风空调系统安装时，矩形风管无法兰连接可采用的连接方式为(　　)。
   A. 咬口连接　　　　　　　　　　B. 芯管连接
   C. 抱箍连接　　　　　　　　　　D. 承插连接

4. 主要用于管网分流、合流或旁通处各支路风量调节的风阀是(　　)。
   A. 平行式多叶调节阀　　　　　　B. 对开式多叶调节阀
   C. 菱形多叶调节阀　　　　　　　D. 复式多叶调节阀

5. 在通风工程中，风管安装连接后，在刷油、绝热前应按规范进行严密性试验和(　　)。
   A. 漏光量检测　　　　　　　　　B. 漏风量检测
   C. 防渗漏检测　　　　　　　　　D. 气密性检验

6. 依据《通用安装工程工程量计算规范》(GB 50856—2013)的规定，下列项目以"m"为计量单位的是(　　)。
   A. 碳钢通风管道　　　　　　　　B. 塑料通风管道
   C. 柔性通风管道　　　　　　　　D. 净化通风管道

7. 依据《通用安装工程工程量计算规范》(GB 50856—2013)的规定，工程量按设计图示外径尺寸以展开面积计算的通风管道是(　　)。
   A. 碳钢通风管道　　　　　　　　B. 铝板通风管道
   C. 玻璃钢通风管道　　　　　　　D. 塑料通风管道

二、多项选择题

1. 在通风工程中，当排出的风是潮湿空气时，风管制作材料宜采用(　　)。
   A. 钢板　　　　　　　　　　　　B. 玻璃钢板
   C. 铝板　　　　　　　　　　　　D. 聚氯乙烯板

2. 空调系统由空气处理、空气输配、冷热源和自控系统等组成，下列选项属于空气处理部分的设备有(　　)。
   A. 过滤器　　　B. 消声器　　　C. 加热器　　　D. 喷水室

3. 圆形风管采用无法兰连接，其连接的形式包括(　　)。
   A. 承插连接　　　B. 芯管连接　　　C. 抱箍连接　　　D. 插条连接

三、简答题

1. 机械通风系统中为什么要设柔性短管？应设在何处？柔性短管常用哪些材质制成？

2. 筒形风帽和伞形风帽各适用于何处？

3. 输送湿空气的通风管道底部为什么不得设有纵向接缝？

4. 敷设在内走廊的矩形风管，宜设哪种形式的支吊架？

5. 采用厚度为 1 mm 的黑铁皮加工制成 600×400 的矩形风管，共 6 节，每节长度为 1.5 m，试问要经过哪几道主要工序？用什么型钢制作法兰？需要法兰多少片？

参 考 文 献

[1]中华人民共和国住房和城乡建设部，中华人民共和国国家质量监督
检验检疫总局 . GB 50500—2013 建设工程工程量清单计价规范[S].
北京：中国计划出版社，2013.

[2]中华人民共和国住房和城乡建设部，中华人民共和国国家质量监督
检验检疫总局 . GB 50856—2013 通用安装工程工程量计算规范[S].
北京：中国计划出版社，2013.

[3]广东省住房和城乡建设厅 . 广东省安装工程综合定额 ［S］. 广东：
中国计划出版社，2010.

[4]秦树和，秦渝 . 管道工程识图与施工工艺[M].3 版 . 重庆：重庆大
学出版社，2013.

[5]赵宏家 . 电气工程识图与施工工艺[M].4 版 . 重庆：重庆大学出版
社，2014.

[6]汪永华 . 建筑电气[M].2 版 . 北京：机械工业出版社，2015.

[7]吴心伦 . 安装工程定额与预算[M]. 重庆：重庆大学出版社，2008.

[8]冯钢，景巧玲 . 安装工程计量与计价[M]. 北京：北京大学出版
社，2014.

[9]全国造价工程师执业资格考试培训教材编审委员会 . 建设工程造价
管理[M]. 北京：中国计划出版社，2015.

[10]全国造价工程师执业资格考试培训教材编审委员会 . 建设工程计
价[M]. 北京：中国计划出版社，2015.

[11]全国造价工程师执业资格考试培训教材编审委员会 . 建设工程技
术与计量(土木建筑工程)[M]. 北京：中国计划出版社，2015.

[12]全国造价工程师执业资格考试培训教材编审委员会 . 建设工程技
术与计量(安装工程)[M]. 北京：中国计划出版社，2015.